LETTRES et MÉMOIRES

ADRESSÉS

A MONSIEUR LE MAIRE DE LA VILLE DE BORDEAUX

ET

A MESSIEURS LES MEMBRES DU CONSEIL MUNICIPAL

DE CETTE VILLE,

Par M. LACHAUD, Entrepreneur,

DANS LE BUT D'OBTENIR LE RÈGLEMENT DES TRAVAUX EXÉCUTÉS PAR LUI
POUR LA CONSTRUCTION DU CANAL D'AMENÉE DES EAUX SUR LE TERRITOIRE
DE LA COMMUNE DE BRUGES.

BORDEAUX.

IMPRIMERIE DE TH. LAFARGUE, LIBRAIRE,

RUE PUITS DE BAGNE-CAP, 8.

—

1857.
1858

15556

(C.)

LETTRES ET MÉMOIRES

ADRESSÉS

A MONSIEUR LE MAIRE DE LA VILLE DE BORDEAUX

ET

A MESSIEURS LES MEMBRES DU CONSEIL MUNICIPAL

DE CETTE VILLE,

Par M. LACHAUD, Entrepreneur,

DANS LE BUT D'OBTENIR LE RÈGLEMENT DES TRAVAUX EXÉCUTÉS PAR LUI
POUR LA CONSTRUCTION DU CANAL D'AMENÉE DES EAUX SUR LE TERRITOIRE
DE LA COMMUNE DE BRUGES.

Bordeaux, le 20 Novembre 1857.

*A Monsieur le Maire de la ville de Bordeaux, et à Messieurs les
Membres du Conseil municipal de cette ville.*

MESSIEURS,

J'ai exécuté les travaux de construction de la galerie des eaux
de Bordeaux, dans la commune de Bruges.

Ces travaux ont donné lieu, en cours d'exécution, à plusieurs
réclamations de ma part, verbales et écrites, auxquelles il n'a
point été fait droit.

De plus, les ouvrages sont achevés depuis la fin du mois de Juin dernier et, malgré le temps qui s'est écoulé et mes réclamations pressantes et réitérées, je n'ai point encore obtenu le règlement desdits ouvrages.

Ce règlement paraît même devoir donner lieu, par suite de l'interprétation du devis fait par M. l'Ingénieur chargé de la direction des travaux, à des difficultés sérieuses et de nature à nécessiter un procès ; et, c'est pour vous mettre à même, Messieurs, d'apprécier ces difficultés, et d'empêcher ce procès, que je vais placer sous vos yeux tous les mémoires et lettres qui ont été échangés entre l'Administration et moi, soit pendant l'exécution des ouvrages, soit depuis leur complet achèvement.

En effet, la simple lecture de ces pièces, vous permettra, j'ose l'espérer, de fixer votre jugement sur chacune des difficultés qui y sont énumérées.

Pour plus de clarté, je ferai seulement précéder chaque lettre ou mémoire, d'une note explicative aussi succincte que possible.

Je suis avec respect,

Messieurs,

Votre très-humble et très-obéissant serviteur,

L'entrepreneur,

LACHAUD.

LETTRES ET MÉMOIRES.

L'application des dispositions du chapitre 5 du devis de l'entreprise a donné lieu, dès le principe, à la correspondance que je reproduis ci-dessous :

Bordeaux, le 30 Septembre 1856.

MONSIEUR LE MAIRE,

Le soussigné a entrepris, le 31 Juillet dernier, la continuation des travaux du Canal d'amenée des eaux de Bordeaux dans la commune de Bruges, ancienne entreprise de MM. Troye fils et Dufour.

Le devis et cahier des charges relatifs à l'entreprise du soussigné, chapitre V, § 1er, est ainsi conçu :

« Il sera déduit du décompte général des travaux de la présente entreprise,
« une somme de 2,277 fr. 36 c., payée aux sieurs Troye et Dufour, pour
« travaux faits dans la propriété Navaille, entre les profils nos 47 et 51, sui-
« vant décompte en date du 31 Décembre 1855 et dont les nouveaux entre-
« preneurs prendront la responsabilité, à raison de l'augmentation des prix,
« *à la charge par les sieurs Troye et Dufour de justifier des quantités d'ouvra-*
« *ges portées audit décompte.* »

Le soussigné, Monsieur le Maire, était prêt à exécuter ponctuellement les dispositions de cet article de son devis, d'autant plus que ses ateliers touchaient à la propriété Navaille, lorsqu'il a été complètement arrêté par le refus qui lui a été fait par MM. Troye et Dufour de justifier des quantités d'ouvrages qu'ils ont faites sur ce point.

Quels sont les motifs qui ont porté MM. Troye et Dufour à refuser de produire cette justification ? Ils sont faciles à reconnaître ; mais, dans tous les cas, le soussigné ne saurait accepter la responsabilité d'ouvrages simplement ébauchés et imparfaitement estimés à la somme de 2,277 fr. 36 c., sans qu'il soit préalablement procédé à une constatation régulière de la quantité réelle desdits ouvrages.

En effet, si ces travaux ne valent que 1,000 à 1,200 fr., ainsi que le soussigné est en droit de l'affirmer, par suite des calculs qu'il a faits lui-même, il ne saurait être tenu de les accepter pour la somme de 2,277 fr. 36 c., il perdrait effectivement de cette manière, une somme de 1,077 fr. 36 c.

Le soussigné ne réclame, d'ailleurs, dans cette circonstance, que la stricte exécution des prescriptions de son devis.

Et, comme il n'a aucune action sur MM. Troye et Dufour pour les contraindre à la justification dont il s'agit, il vient vous prier, Monsieur le Maire, de vouloir bien prendre, le plutôt possible, les mesures nécessaires pour que cette justification ait lieu, soit par les soins des entrepreneurs ci-dessus désignés, soit par les soins de l'Administration elle-même qui doit assurer l'exécution de tous ses engagements.

Le soussigné doit vous faire remarquer en finissant, Monsieur le Maire, que la solution de cette difficulté est urgente, et que tout retard dans cette solution retardera d'autant le délai accordé pour l'exécution des travaux, par l'article 7 du chapitre III de son devis.

Il est avec respect, etc.

LACHAUD.

M. le Maire comprit parfaitement que cette réclamation était fondée en tous points, puisqu'il me répondit la lettre qui suit :

Bordeaux, le 9 Octobre 1856.

Monsieur ,

J'ai reçu votre réclamation au sujet de la justification, par MM. Troye et Dufour, vos prédécesseurs, de l'exactitude des quantités d'ouvrages inachevés, portées au décompte du 31 Décembre 1855 où leur valeur figure pour 2,277 fr. 36 c.

Je regrette que vous n'ayez pas profité de l'expertise qui a eu lieu pour l'évaluation du matériel laissé par MM. Troye et Dufour, pour faire reconnaître les ouvrages inachevés.

Quoiqu'il en soit, j'écris aujourd'hui même aux sieurs Troye et Dufour pour les inviter à s'entendre avec vous pour l'évaluation desdits ouvrages.

Agréez, Monsieur, l'assurance de ma considération distinguée.

L'Adjoint de Maire,

F. SAMAZEUILH.

MM. Troye et Dufour n'ayant pas cru devoir se rendre à l'invitation dont parle M. le Maire, je lui réitérai verbalement, quelques jours plus tard, ma réclamation du 30 Septembre 1856 ; je déclarai même que j'étais décidé à ne pas travailler, sur ce point de mon entreprise, avant qu'il n'eût été procédé aux justifications prescrites par le chapitre 5 de mon devis. C'est alors que M. le Maire m'écrivit la lettre ci-après :

Bordeaux, le 29 Octobre 1856.

MONSIEUR,

La réclamation que vous m'avez adressée au sujet du décompte des travaux commencés par MM. Troye et Dufour, dans la propriété Navaille, et que vous devez terminer, ne me paraît point fondée en équité.

Les travaux exécutés par MM. Troye et Dufour, leur sont comptés et vous sont donnés pour une somme de 2,277 fr. 35 c. Le décompte de ces mêmes travaux, en y appliquant les prix de votre entreprise, s'élève à 4,054 fr. L'Administration vous allouant cette dernière somme et ne retenant que la première, il résulte de là, pour vous, un bénéfice net de 1,776 fr. 65 c. que rien ne justifie ; il y a plus, il est aujourd'hui constant que les quantités réelles d'ouvrage utilisable sont plus considérables que celles portées au décompte, votre bénéfice s'augmente d'autant, et je ne crains pas de le porter à environ 2,000 fr.

Dans cette situation, il est au moins extraordinaire que vous ayez cru devoir m'adresser une demande d'indemnité pour le déblaiement de la fouille abandonnée par MM. Troyc et Dufour, et le nettoiement des anciens ouvrages.

Quoiqu'il en soit, et pour éviter toute difficulté et surtout tout retard, je consens à ce qu'il vous soit tenu compte des dépenses à faire pour rendre ces travaux accessibles et pour faciliter leur achèvement.

Agréez, Monsieur, l'assurance de ma considération distinguée.

Le Maire de Bordeaux,

A.-F. GAUTIER.

Je fis part du contenu de cette lettre à M. l'Ingénieur des travaux et aux agents chargés de leur surveillance ; je priai ces derniers de tenir attachement des dépenses à faire pour rendre les travaux accessibles, et faciliter leur achèvement ; ensuite, confiant dans la promesse de M. le Maire, je me mis à l'œuvre.

Lorsque les ouvrages furent rendus au point porté au décompte du 31 Décembre 1855, je dressai l'état des dépenses que ce travail supplémentaire avait occasionnées, et je l'adressai à M. le Maire avec une lettre d'envoi, en date du 23 Novembre 1856.

M. le Maire me répondit le 26 du même mois :

Bordeaux, le 26 Novembre 1856.

MONSIEUR,

J'ai reçu avec votre lettre du 23 du courant, le Mémoire des dépenses que vous avez dû faire pour rendre accessibles les fouilles de l'aqueduc du Taillan dans la propriété Navaille.

J'ai l'honneur de vous remettre cet état, en vous invitant à le reproduire en trois expéditions, dont une sur timbre, et à le soumettre au règlement de M. Devanne, ingénieur de la Distribution d'eau.

Aussitôt que cet état, dûment réglé, me sera parvenu, je m'empresserai d'en ordonnancer le montant en votre faveur.

Recevez, Monsieur, l'assurance de ma parfaite considération.

Le Maire de Bordeaux,

A.-F. GAUTIER.

Je m'empressai de me conformer aux instructions de M. le Maire, et je lui adressai immédiatement les trois expéditions demandées ; mais, M. le Maire me les renvoya, le 6 Décembre suivant, avec une lettre conçue en ces termes :

Bordeaux, le 6 Décembre 1856.

MONSIEUR,

Dans une lettre du 26 Novembre dernier, je vous invitais à vous entendre avec M. Devanne, ingénieur des Eaux, au sujet du remboursement des dépenses que vous avez faites pour rendre accessibles les travaux abandonnés par MM. Troye et Dufour, sur la propriété Navaille. Il est indispensable que l'état de ces dépenses soit réglé par cet ingénieur. Je vous renvoie, en conséquence, vos états, et je vous engage à les lui soumettre.

Je dois d'ailleurs vous prévenir que ces états ne peuvent être acceptés dans la forme que vous leur avez donnée. Les règles de la comptabilité exigent que les états de remboursement de journées soient émargés, sur timbre, par les ouvriers, chacun pour la somme qui le concerne.

Veuillez agréer, Monsieur, l'assurance de ma parfaite considération.

Le Maire de Bordeaux,

A.-F. GAUTIER.

Je me présentai aussitôt dans les bureaux de M. l'Ingénieur pour faire régulariser cette dépense, mais M. Devanne s'est toujours refusé à cette régularisation, malgré les décisions de M. le Maire contenues dans ses lettres précitées.

———————————

Dans la nuit du 10 au 11 Octobre 1856, une trombe d'eau, mêlée de vents impétueux, s'abattit tout-à-coup sur la contrée. Cette trombe fut si violente qu'elle renversa tout sur son passage. Le chemin de fer d'Orléans lui-même qui existait déjà depuis plusieurs années, fut emporté sur plusieurs centaines de mètres, entre Lormont et La Grave-d'Ambarès, où la circulation fut interrompue pendant plusieurs jours. Ce fait est rapporté dans les journaux de l'époque. Cette trombe d'eau et de vent produisit des effets désastreux sur mes travaux ; elle inonda presque complètement mes fouilles, et détermina de nombreux éboulements.

Ces désastres ont été constatés dans un procès-verbal dressé, le 11 Octobre 1856, par le garde de la commune de Bruges, et visé, le lendemain, par M. le Maire de cette commune.

Le 16 Octobre, j'ai adressé ce procès-verbal, que je transcris ci-dessous, à M. le Maire de Bordeaux, et je l'ai prié de vouloir bien, conformément aux dispositions de l'article 26 des clauses et conditions générales du 25 Août 1833, auxquelles se réfère mon devis, faire constater contradictoirement les dégradations que la trombe dont il s'agit avait occasionnées à mes travaux.

Voici ce procès-verbal :

PROCÈS-VERBAL

constatant une Trombe qui a occasionné des Éboulements au Canal d'amenée
des Eaux de la ville de Bordeaux.

Aujourd'hui, onze Octobre mil-huit cent cinquante-six, à neuf heures du matin, Nous, LEGROS, avons été requis par M. MOREAU, commis et conducteur des travaux du canal d'amenée des eaux du TAILLAN à BORDEAUX, pour le compte de M. LACHAUD, entrepreneur des dits travaux, assisté de M. TAUSIN surveillant pour le compte de l'Administration, de nous transporter sur la ligne du canal pour constater des éboulements aux terrassements ainsi qu'à la maçonnerie des dits travaux, que, malgré les étrésillonnements qu'ils nous ont fait remarquer, ont été envahis dans les décombres, sur toute la ligne en partie, ainsi qu'un mètre d'eau environ dans les fouilles et que ce désastre provenant d'une crue d'eau occasionnée par une trombe qui a passé hier vers neuf heures du soir venant de l'ouest et se dirigeant vers l'est et a duré jusqu'à cinq heures du matin.

Et, en notre présence, ces Messieurs dénommés ci dessus, ont estimé les dégâts occasionnés par ce phénomène, à une somme de huit mille francs ; de tout quoi nous avons dressé le présent procès-verbal.

LEGROS.

Visé par le Maire de Bruges , le 12 Octobre 1856.

M. le Maire me répondit la lettre suivante :

Bordeaux, le 13 Novembre 1856.

Monsieur.

Par votre lettre du 16 Octobre dernier vous m'avez demandé de vouloir bien faire constater les dégradations que la pluie des 10 et 11 du même mois avait occasionnées à vos travaux de la galerie d'amenée des eaux du Taillan à Bordeaux,

2

Il me semble que consentir à faire cette constatation, serait reconnaître que les dégradations que vous signalez sont l'effet d'une force majeure, car ce n'est que dans ce cas qu'il peut être utile d'apprécier ces dégradations.

Or, la pluie dont vous vous plaignez peut-elle être considérée comme une force majeure, comme un accident tellement rare dans nos contrées, que vous n'eussiez pu le prévoir et tellement irrésistible qu'aucune précaution n'eût pu préserver vos chantiers de ses atteintes ?

D'un autre côté, par prudence, vos tranchées ne devaient-elle pas être étrésillonnées de manière à empêcher les éboulements ? Des saignées ne devaient-elles pas être pratiquées dans toutes les dépressions de terrains, afin qu'aucun obstacle ne fût apporté à l'écoulement des eaux ? Êtes-vous bien sûr que ces précautions n'ont pas été très-négligées, malgré les avertissements réitérés des agents de la direction des eaux ?

Je sais bien qu'en ne prenant pas ces précautions, vous pouviez réaliser des bénéfices considérables; mais puisque vous avez spéculé sur la continuation du beau temps, ne devez-vous pas accepter la perte sans réclamation si vous vous êtes trompé dans vos prévisions ?

En résumé, Monsieur, je serai prêt à faire constater les dégradations qui ont été faites à vos ouvrages, lorsqu'il aura été reconnu que la pluie du 10 Octobre peut être considérée comme un cas de force majeure et lorsqu'il m'aura été prouvé que vous aviez pris toutes les précautions voulues pour protéger vos fouilles (ce qui serait contraire aux renseignements qui m'ont été fournis sur cette affaire); jusque-là, je me dispenserai de faire aucune constatation.

Je vous prie, Monsieur, de remarquer que la réserve qui se montre dans ma lettre, n'est point un refus définitif, mais simplement une abstention de me prononcer, avant qu'il en soit temps, sur une affaire qui ne me paraît aujourd'hui que douteuse. Peut-être, Monsieur, qu'en réfléchissant, vous reconnaîtrez que votre réclamation n'est pas suffisamment fondée pour être accueillie. Quel que soit du reste le parti que vous croirez devoir prendre, veuillez toujours compter sur des sentiments d'équité et de bienveillance.

Agréez, etc.

Le Maire de Bordeaux,

A.-F. GAUTIER.

Me conformant aussitôt à l'invitation qui m'était faite, j'ai adressé à M. le Maire, à la date du 17 du même mois, les preuves et justifications demandées ; je les transcris ci-dessous :

Bordeaux, le 17 Novembre 1856.

MONSIEUR LE MAIRE ,

Le 16 du mois dernier, j'ai eu l'honneur de vous signaler, conformément aux dispositions de l'article 26 des clauses générales des Ponts et Chaussées qui, aux termes de mon devis, forment la base de mon marché, un cas de force majeure résultant de la trombe d'eau et de vent qui a affligé Bordeaux ses environs pendant les journées des 10 et 11 du même mois.

J'ai accompagné ma réclamation d'un procès-verbal dressé par le garde-champêtre de la commune de Bruges, en présence de mon employé et du représentant de l'Administration elle-même et constatant que les dommages qui ont été causés à mes travaux par cette trombe, pouvaient s'élever approximativement à 8,000 francs.

Ce procès-verbal n'a été alors l'objet d'aucune observation, d'aucune réserve quelconque de la part du représentant de l'Administration, et cela ne pouvait être autrement, car mes travaux avaient été complètement bouleversés et le désastre était trop apparent.

Aujourd'hui, Monsieur le Maire, vous me faites l'honneur de m'écrire que vous ne pourrez consentir à faire constater les dégradations que la trombe dont il s'agit a occasionnées à mes travaux du canal d'amenée des eaux des fontaines de Bordeaux, que lorsqu'il vous sera démontré que la pluie des 10 et 11 Octobre peut être considérée comme un cas de force majeure et lorsqu'il vous aura été prouvé que j'avais pris toutes les précautions voulues pour protéger mes fouilles.

Je m'empresse de vous adresser la démonstration et la preuve que vous avez bien voulu me demander.

Une trombe est généralement un météore aérien et quelquefois aqueux, comme dans le cas dont il s'agit ; dont la violence peut causer les plus grands désastres. Cela ne saurait être contesté. On en a effectivement vu de terribles et bien regrettables exemples. Or, un météore de ce genre est toujours hors de toute prévision humaine ; il constitue donc nécessairement un cas de force majeure dans le sens de l'article 26 des clauses générales ci-dessus citées et les cas de force majeure, aux termes de cet article, peuvent donner lieu à indemnité lorsqu'ils sont signalés dans le délai prescrit.

Pour pouvoir soutenir avec quelque fondement que la trombe des 10 et 11 Octobre ne constituait pas un cas de force majeure, il faudrait donc nier l'existence de cette trombe ; or, cette dénégation est impossible : 1° parce qu'il a été constaté que, pendant quelques heures seulement, il est alors tombé le quart du volume d'eau qui tombe ordinairement dans la Gironde pendant une année ; 2° parce que la violence des vents a été telle que les arbres (jeunes plantations des routes surtout) ont été brisés en très-grand nombre ; 3° parce que l'abondance des eaux a été si grande, qu'un petit ruisseau qui traverse le chemin de fer de Bordeaux à Paris, entre Lormont et Ambarès, s'est gonflé subitement au point d'emporter ce chemin sur une longueur de plus de cent mètres.

Quant aux précautions que je devais prendre, je les avais toutes prises ; je n'avais rien négligé pour assurer sans interruption la bonne exécution des travaux. Toutes les prescriptions de mon devis avaient été littéralement exécutées : fossés d'écoulement, étrésillonnage à quatre et cinq rangs, rien n'avait été omis ; mais, les terres ont été, en quelques heures, complètement détrempées et réduites en boue liquide qui a envahi les fouilles jusqu'à 1^m, 50^c de hauteur. Enfin, les étrésillonnages eux-mêmes ne trouvant plus de point d'appui se sont écroulés dans les mêmes fouilles.

Vous demandez, Monsieur le Maire, qu'il vous soit donné la preuve de l'exactitude de ces faits ; mais, la meilleure preuve que j'en puisse donner consiste dans l'assentiment tacite donné aux constatations du procès-verbal ci-dessus mentionné par le représentant de l'Administration sur mes travaux. Le dommage était effectivement si considérable et, de plus, il était si apparent que le conducteur des travaux, malgré tout son dévouement aux intérêts de la Ville, n'a pu réellement formuler aucune espèce de protestation.

Comment concilier ce fait avec les renseignements dont vous voulez bien m'entretenir ?

Ces renseignements, Monsieur le Maire, ne sauraient, croyez-le bien, supporter l'examen le moins sérieux. Questionnez effectivement les conducteurs ou surveillants tant sur le soin que sur le zèle que j'apporte à exécuter fidèlement et ponctuellement toutes les clauses de mon devis relatives à la bonne exécution des ouvrages, et ils seront unanimes à reconnaître, j'en ai l'intime conviction, que je n'ai rien négligé et que je ne néglige rien encore pour le strict accomplissement de toutes les prescriptions de ce devis et notamment de celles qui ont trait aux dépenses à faire pour les étré-sillonnages.

J'ose donc espérer, Monsieur le Maire, qu'après plus amples informations, vous voudrez bien décider qu'il me sera tenu compte des pertes que m'a occasionnées le cas de force majeure des 10 et 11 Octobre dernier.

Quant à l'étendue de ces pertes, elle est telle que les sommes que j'ai déjà payées, en journées de manœuvres seulement, pour remettre les lieux en état de pouvoir travailler utilement, s'élèvent à 8,000 francs, ainsi que le démontre l'état ci-joint.

Serait-il donc juste, Monsieur le Maire, en présence des clauses du contrat, et des faits qui précèdent, de me faire supporter une perte si élevée ? Non, évidemment non. Ce ne sera donc pas en vain que j'aurai fait appel, en cette circonstance, à votre sagesse éclairée et à votre haute impartialité.

C'est avec ces sentiments que je suis avec respect et dévoucment, etc.

LACHAUD.

Ces preuves et justifications ont été admises par M. le Maire, je le crois du moins, et je dois le croire, puisqu'elles n'ont donné lieu à aucune observation de la part de l'Administration.

Quant à moi, je persiste à soutenir qu'une trombe est un cas de force majeure dans le sens prévu par l'article 26 des clauses générales précitées; j'invoque notamment, à l'appui de cette partie de mes réclamations, l'arrêt du Conseil d'État, du 12 Août 1854 (Pierron et Manglin), dans lequel il a été décidé.

« qu'un entrepreneur est fondé à réclamer l'indemnité des pertes
« qu'il a subies par suite d'un évènement de force majeure signalé
« par lui dans les dix jours, alors même que les ingénieurs, à la
« suite de sa réclamation, n'auraient pas constaté le dom-
« mage. »

Pendant l'exécution de mes travaux, je m'étais souvent aperçu
que la trop faible épaisseur de quarante centimètres donnée aux
piédroits en maçonnerie de moëllons bruts de la galerie, permettait aux eaux de filtrer au travers de cette maçonnerie ; j'en pré-
vins les agents de l'Administration préposés à la surveillance des
ouvrages. Ceux-ci me répondirent que ce n'était rien, que le
durcissement des mortiers et la confection des enduits prescrits
par l'article 17 du chapitre 2 du devis, arrêteraient toute filtration. Je leur déclarai que je n'en croyais rien ; j'ajoutai que l'Administration qui imposait à l'entrepreneur des maçonneries si
imparfaites, et de si faibles dimensions pour l'exécution de travaux si importants, ne pourrait qu'imputer à elle-même toutes
les conséquences fâcheuses qui pourraient en résulter : conséquences dont je déclinais à l'avance toute espèce de responsabilité.

Il n'a été tenu aucun compte de mes observations.

Il en est résulté que, lorsque l'avancement des travaux de la
galerie m'a permis d'occuper mes ouvriers à la confection des
enduits dont il vient d'être parlé, j'ai reconnu, par des expériences réitérées, que les enduits prévus au devis n'étaient pas
de nature à arrêter les filtrations.

Après plusieurs expériences, je me décidai donc à écrire à
M. le Maire la lettre ci-dessous :

Bordeaux, le 12 Mars 1857.

Monsieur le Maire,

L'article 17 du Chapitre 2 du devis de mes travaux du canal d'amenée des
eaux de Bordeaux, dans la commune de Bruges, est ainsi conçu :

« A l'intérieur de la galerie, il sera fait sur les piédroits en maçonnerie
« de moëllons, un crépissage en mortier hydraulique N° 9 et un enduit de mor-
« tier surhydraulisé de 0^m, 015 d'épaisseur. Pour recevoir cet enduit, les
« surfaces devront être préalablement balayées et lavées avec soin. »

Conformément aux dispositions de cet article, j'ai fait commencer, dans
l'intérieur de ma galerie, le crépissage en mortier hydraulique N° 9, mais
l'expérience m'a conduit à reconnaître que ce travail n'atteignait nullement
le but pour lequel il a été prescrit.

En effet, ce but a été évidemment d'empêcher les eaux existant dans les
terres riveraines du canal d'amenée, de filtrer au travers des piédroits de
la galerie et de pénétrer ainsi dans cette galerie dont elles saliraient les eaux
de source qui arriveraient ensuite à Bordeaux plus ou moins gâtées ou dété-
riorées ; or, le crépissage en mortier hydraulique N° 9, malgré qu'il soit fait
avec tous les soins et suivant les épaisseurs que prescrit le cahier des charges,
n'empêche nulle part cette filtration par suite de la charge de la nappe d'eau
existant dans les terrains gras et perméables au milieu desquels la galerie a
été construite. Enfin, ce crépissage n'offrant pas la résistance suffisante
pour empêcher les filtrations, l'enduit en mortier surhydraulisé de 15 millim.
d'épaisseur est fait lui-même en pure perte, à raison même de cette trop faible
épaisseur.

Dans sa tournée du 2 de ce mois, M. le Conducteur chargé de la surveillance
des ouvrages, M Jouandot, a pu se convaincre par lui-même de la vérité
de ce qui précède. En effet, il a été procédé, en sa présence, à des expériences dont les résultats ont entièrement confirmé cette vérité, et il a conséquemment reconnu que le crépissage des piédroits en maçonnerie de moëllon
ne remplissait aucunement le but que l'Administration voulait obtenir.

Je m'empresse donc, Monsieur le Maire, de vous signaler ces faits, et en même temps de vous prier de vouloir bien prendre les dispositions nécessaires pour remédier aux inconvenients que je viens d'exposer.

Il est de fait que les filtrations, si elles ne sont entièrement prévenues au moyen de travaux expérimentés, amèneront dans la galerie des eaux chargées d'une plus ou moins grande quantité de matières organiques qui nuiront ainsi plus ou moins à la bonne qualité des eaux des fontaines de Bordeaux, et ce, peut-être, au détriment de la santé publique.

Quant à moi, Monsieur le Maire, je ne puis me soumettre à exécuter des travaux inutiles; je déclare donc d'hors et déjà, que s'ils me sont formellement imposés, je décline entièrement à l'égard du travail dont il s'agit, la responsabilité prévue par l'article 4 du chapitre 4 du même devis.

Il est évident en effet que je ne saurais être légalement et équitablement responsable d'un mode de travail qui me serait imposé et dont les résultats, d'après expériences faites, sont complètement opposés à ceux que l'Administration veut obtenir.

Je suis avec respect, etc.

LACHAUD.

Cette lettre est demeurée sans réponse.

J'ai dû tout naturellement considérer ce silence de l'Administration, comme une adhésion complète au système d'enduits qui, par suite des expériences faites, avait été reconnu, seul, propre à empêcher les filtrations. J'ai donc exécuté ces enduits d'après ce système. En agissant ainsi, j'ai cru devancer les intentions de l'Administration ; enfin, les agents de l'Administration reconnaissaient, eux-mêmes, sur les travaux, que les filtrations ne pouvaient être empêchées que par les enduits que j'avais préconisés et que j'ai réellement exécutés.

———————

Les travaux de mon entreprise furent terminés complètement à la date du 30 Juin dernier.

Aussitôt après cet achèvement, j'ai prié M. l'Ingénieur chargé de la direction des travaux, de vouloir bien faire procéder, conformément aux prescriptions de l'article 4 du chapitre 4 de mon devis, à la rédaction contradictoire de mon décompte général.

Toutes les démarches que j'ai faites dans ce but sont demeurées infructueuses ; on m'a opposé l'inertie la plus absolue et la plus complète.

Dans cette situation, préoccupé de mes intérêts, obligé d'ailleurs de quitter Bordeaux, j'ai dû chercher à arriver le plus promptement possible au règlement définitif de mes ouvrages.

J'ai donc pris le parti de dresser, moi-même, le décompte définitif dont il s'agit, et de l'adresser à M. le Maire, accompagné d'un Mémoire explicatif et justificatif de toutes les réclamations que j'avais formulées, soit verbalement, soit par écrit, pendant l'exécution des ouvrages et depuis leur achèvement.

C'est le 13 Août dernier que j'ai eu l'honneur de remettre à M. le Maire ces diverses pièces que je transcris ci-dessous :

Bordeaux, le 13 Août 1857.

MONSIEUR LE MAIRE,

J'ai l'honneur de vous adresser, avec un décompte général des travaux que j'ai exécutés pour la construction du travail d'amenée des eaux de Bordeaux, au territoire de Bruges, un mémoire justificatif des diverses réclamations auxquelles ces travaux ont donné lieu et dont j'ai tenu compte dans le décompte général précité.

Veuillez avoir la bonté de vous pénétrer par vous-même de toute l'étendue de mes pertes, et de me traiter avec votre justice et votre bienveillance ordinaires.

Je suis avec respect, etc.

LACHAUD.

3

DÉCOMPTE GÉNÉRAL des ouvrages exécutés pour la construction du canal d'amenée des eaux de Bordeaux, dans la commune de Bruges, depuis le profil n.° 42 jusqu'à la limite d'Eysines.

NATURE DES DÉPENSES OU DÉSIGNATION DES OUVRAGES ÉXÉCUTÉS.	QUANTITÉ.	PRIX.	MONTANT des DÉPENSES.
TERRASSEMENTS EN GÉNÉRAL.			
DÉBLAIS DE L'AXE DU CANAL D'AMENÉE.			
Mètres cubes de terre, gravier ou pierre.	10,690 31	2 40	25,656 74
Mètres de rocher compacte.	9,854 76	5 »	49,273 80
EBOULEMENTS.			
Eboulements occassionnés par la trombe des 10 et 11 Octobre 1856 (voir le mémoire justificatif). . . .	»	»	8,000 »
Eboulements survenus à la suite de cette trombe, d'après attachements par profil (voir le mémoire).	4,997 33	3 »	14,991 99
TRANSPORTS DES DÉBLAIS.			
Transport de terre provenant du regard (profil 64), à une distance de 1000 mètres.	20 71	1 30	26 92
Transport de terre provenant du regard (profil 119), à une distance de 100 mètres.	19 68	» 40	7 87
Transport de terre provenant du lavoir Carvalho, à une distance de 200 mètres.	44 12	» 50	22 06
Transport de terre provenant du chemin Bergeon, à une distance de 100 mètres.	34 92	» 40	13 96
Transport de terre provenant du lavoir de Bruges, à une distance de 100 mètres.	48 62	» 40	19 45
Transport de terre provenant du chemin Martin, à une distance de 1000 mètres.	75 93	1 30	98 71
Transport de terre provenant des deux chemins Navaille, à une distance de 100 mètres.	175 03	» 40	70 01
MAÇONNERIES.			
Mètres cubes de maçonneries de béton pour la construction des radier et voûte.	1,266 64	21 »	26,599 44
Mètres cubes de maçonneries de moëllons durs pour toutes les maçonneries en général.	3,165 93	18 50	58,569 70
Mètres superficiels d'enduits en mortier de ciment sur-hydraulisé (voir le mémoire justificatif). . . .	4,041 98	2 25	9,094 45
Mètres superficiel de chape en mortier hydraulique sur les voûtes de chaque chemin.	298 40	1 »	298 40
Mètres cubes de maçonneries de pierre de Saint-Macaire.	9 02	75 »	676 50
Parements vus de ces maçonneries.	35 50	5 50	195 25
A Reporter.	. . . .	. . .	193,615 25

NATURE DES DÉPENSES OU DÉSIGNATION DES OUVRAGES ÉXÉCUTÉS.	QUANTITÉ.	PRIX.	MONTANT des DÉPENSES.
Report.	. . . .	. . .	193,645 25
Mètres courants de pierre de Saint-Macaire, pour seuils, couvertures, et tablettes.	10 82	8 50	94 97
Parements vus de ces maçonneries.	7 13	5 50	39 21
Mètres carrés de dallages en pierre plates..	3 73	15 »	55 95
Parements vus de ces maçonneries.	3 73	5 50	20 51
Marches d'escalier dans les deux regards, y compris les plafonds.	56 »	8 »	448 »
Mètres carrés de maçonneries de briques à plat, pour les voûtes des deux regards.	12 40	5 »	62 »
Mètres carrés de couvertures.	27 33	5 75	157 14
Mètres cubes de maçonneries de pierre de Bourg, dans les regards, lavoir Carvalho, et regards avec cheminées.	104 31	35 71	3,724 91
Mètres carrés d'enduits faits au regard (profil 119). .	33 25	1 60	53 20
MAÇONNERIES OCCASIONNÉES PAR LES ÉBOULEMENTS.			
Mètres cubes de maçonneries en béton pour reconstruction de voûte.	68 09	21 »	1,429 89
MENUISERIE ET SERRURERIE.			
Pour les deux regards comme au projet des travaux.	4 50	50 »	200 »
Ouverture des puits des regards.	2 »	8 »	16 »
ÉPUISEMENTS.			
Les épuisements ont été évalués à la somme de. . .	»	»	3,000 »
Continuellement 8 hommes par jour ont été employés aux épuisements qui forment 2,160 journées à 3 fr. 50 fait un total de 7,560 fr. à déduire 3,000 f. reste.	»	»	4,560 »
INDEMNITÉS DE PASSAGES.			
A divers propriétaires (voir le rapport justificatif). .	»	»	1,200 »
BARDAGES.			
Des matériaux (voir le rapport justificatif).	»	»	4,000 »
Surcroît de travail fait dans la propriété Navaille, dans les travaux de MM. Troye et Dufour (voir les mémoires).	»	»	1,559 75
Total.	. . . .	. . .	214,233 78

Présenté par le soussigné ,

A Dordaume, le 10 Août 1877.

LACHAUD.

MÉMOIRE A L'APPUI DE CE DÉCOMPTE ET PORTANT LA MÊME DATE.

Bordeaux, le 13 Août 1857.

MONSIEUR LE MAIRE,

Les travaux à exécuter pour la construction du canal d'amenée des eaux de Bordeaux, sur le territoire de la commune de Bruges, adjugés précédemment à MM. Troye et Dufour, commencés par eux, résiliés ensuite, m'ont été confiés, le 31 Juillet 1856, pour les terminer, moyennant un rabais de 1 p. °/₀ sur les prix du détail estimatif.

J'ai mis aussitôt la main à l'œuvre pour l'exécution desdits travaux, et ils sont aujourd'hui complètement terminés et en état de réception provisoire.

Je sollicite même cette réception dans le plus bref délai possible.

Le moment est donc venu, Monsieur le Maire, où il devient indispensable que je replace sous vos yeux les diverses réclamations que j'ai eu l'honneur de vous adresser pendant l'exécution de mes travaux, afin que vous y donniez telle suite que de droit et de raison, lors de la rédaction du décompte général des ouvrages composant mon entreprise.

Je vais donc énumérer ici de nouveau mes diverses réclamations.

Mais, auparavant, permettez-moi, Monsieur le Maire, d'entrer dans quelques explications générales relatives à mes travaux.

D'après l'article 10 du chapitre 4 du devis de ces travaux, l'entrepreneur était soumis aux clauses et conditions générales imposées à tous les entrepreneurs de travaux publics, par la circulaire de M. le Directeur général des Ponts-et-Chaussées, en date du 25 Août 1833.

D'après l'article 18 du chapitre 2 du même devis, l'entrepreneur était tenu de se conformer aux plans de détail et aux instructions qu'il recevrait de l'Ingénieur *pour les formes, dimensions et mode de construction des ouvrages,* et il devait rester responsable, soit envers l'Administration, soit envers les tiers, de toute infraction à cet égard.

Enfin, le dernier paragraphe de l'article 4 du chapitre 4 du même devis est ainsi conçu :

« Il est entendu que cette réception (la réception finale), ne dispense pas « l'entrepreneur de rester soumis à la responsabilité imposée par les articles « 1792, 1797, 1799 et 2270 du Code civil. »

Ces dispositions du devis, sont loin de pouvoir s'accorder entr'elles.

En effet, les clauses générales et la responsabilité décennale n'ont été édictées que pour les travaux ayant fait l'objet de projets complets dans lesquels chaque espèce d'ouvrage a été parfaitement défini, tant pour les dimensions que pour les dépenses, préalablement à l'adjudication ; attendu que, dans ce cas, l'entrepreneur peut se rendre au préalable, un compte exact de chacune de ses obligations, tandis que le projet des travaux qui m'ont été confiés ne contenait, au contraire sur ce point, aucune des données nécessaires pour fixer l'entrepreneur antérieurement à l'adjudication, et que celui-ci, ainsi qu'il vient d'être dit, était tenu de se conformer aux plans de détail et aux instructions de l'Ingénieur *pour les formes, dimensions et mode de construction des ouvrages.*

Il est cependant de la dernière évidence qu'un entrepreneur ne peut être tenu à la responsabilité décennale d'ouvrages dont les dimensions lui ont été imposées postérieurement à son adjudication. Cette responsabilité ne peut, effectivement, être encourue par un entrepreneur, que lorsqu'il a librement accepté les formes, dimensions et mode de construction avant de commencer les ouvrages.

Lorsque je me suis rendu adjudicataire, je n'ignorais pas ces dispositions contradictoires du devis, mais je pensais qu'il me serait permis de présenter respectueusement à l'Administration, toutes les observations qui me seraient suggérées par l'étude des formes, dimensions et mode d'exécution des ouvrages prescrits en cours d'œuvre, et par celle du plus ou moins de solidité qui pourrait en résulter pour les travaux. Je pensais également que les ordres de M. l'Ingénieur à cet égard, me seraient adressés par écrit conformément aux dispositions de l'article 7 des clauses générales.

Cette double satisfaction m'a été en grande partie refusée.

Cependant, je le répète, Monsieur le Maire, il est de droit, que nul entrepreneur ne peut être justement tenu à la responsabilité d'ouvrages dont les conditions et dimensions lui ont été forcément imposées en cours d'œuvre, par l'Ingénieur ou l'Architecte, surtout lorsqu'il peut être établi, comme cela a eu lieu dans l'espèce, que ces conditions et dimensions étaient loin de présenter toute la confiance désirable.

Aussi, dès que j'eus reçu, postérieurement à l'adjudication, l'ordre verbal de commencer les travaux en ne donnant aux piédroits en maçonneries de la galerie qu'une épaisseur de 0ᵐ 40ᶜ, et d'établir, sur ces piédroits distants l'un de l'autre de 1ᵐ 55ᶜ, une voûte plein cintre en béton surhydraulisé, n'ayant qu'une épaisseur de 0ᵐ 20ᶜ au sommet, ai-je vivement protesté, d'abord, contre la trop faible épaisseur donnée aux piédroits, ensuite, contre la trop faible épaisseur donnée au sommet de la voûte en béton.

Mes observations ont constamment tendu à vous démontrer, Monsieur le Maire, que ces travaux ne présenteraient pas la solidité ni la durée désirables, mais elles n'ont eu qu'un bien faible résultat. Ce résultat, le voici :

M. l'Ingénieur m'a seulement remis, à la date du 10 Août 1856, deux dessins revêtus de sa signature.

Le premier de ces dessins maintenait toutes les dispositions qui avaient été verbalement prescrites précédemment pour tous les points où le sommet supérieur de la voûte en béton devait être recouvert d'une couche de terre inférieure à 3 mètres, et donnait, en même temps, les dimensions de la voûte en maçonnerie à construire sous les chemins publics.

Le deuxième substituait une voûte en maçonnerie à la voûte en béton surhydraulisé sur les points où les remblais devaient avoir 3 mètres et plus à partir du sommet supérieur de la voûte.

J'ignore complètement, Monsieur le Maire, les éléments dont s'est servi M. l'Ingénieur pour déterminer cette limite de 3 mètres ; mais il est de fait qu'elle n'aurait dû être fixée qu'après des expériences faites sur les diverses natures de sol, dans lesquelles la galerie devait être construite. Il est évident que, si la nature du sol avait été partout la même, il n'y aurait eu aucun inconvénient à procéder comme l'a fait M. l'Ingénieur, mais c'est le contraire qui a eu lieu. Il est effectivement quelques points où le terrain plus ou moins sablonneux pouvait permettre, sans inconvénient, l'établissement d'une voûte en béton n'ayant que 0ᵐ 20ᶜ d'épaisseur au sommet, bien que le remblai au-dessus dût être supérieur à 3 mètres, tandis qu'il est d'autres points (et c'est ce qui s'est présenté presque partout sur mes travaux) où le terrain, pourri, gras et marneux ne pouvait permettre, sans de graves inconvénients, d'adopter ce système, même pour une très-faible épaisseur de remblai sur la voûte.

Ce fait a d'ailleurs été pleinement confirmé par l'expérience puisque, sur plusieurs points de mes travaux, la voûte en béton, quoique construite avec toutes les précautions désirables et avec les meilleurs matériaux possibles n'a pu résister au contact et au poids du terrain gras et marneux, bien que la couche de remblai fût peu considérable.

Quoiqu'il en soit, en présence des seuls ordres écrits dont il vient d'être parlé, et de la persistance de l'Administration à me refuser toute autre satisfaction, j'ai dû me soumettre à ses ordres, mais je ne l'ai fait qu'avec réserve des observations que j'avais présentées en déclinant en outre toute responsabilité relativement à la solidité et à la durée des ouvrages dont les dimensions fixées après l'adjudication, me paraissaient plus ou moins vicieuses.

Ceci posé, Monsieur le Maire, je me hâte de vous retracer l'exposé de mes réclamations.

1re RÉCLAMATION.

Éboulements continuels survenus dans les fouilles.

Le 16 Octobre 1856, j'ai eu l'honneur de vous signaler, conformément aux dispositions de l'article 26 des clauses générales, ceux de ces éboulements qui avaient été occasionnés par la trombe des 10 et 11 du même mois.

J'ai joint à ma lettre un procès-verbal dressé par le garde-champêtre de la commune de Bruges, en présence de mon employé et du conducteur surveillant des travaux, et constatant que les dommages qui ont été causés à mes travaux par cette trombe, pouvaient s'élever approximativement à . . . . 8,000 fr.

Le 13 Novembre suivant, vous avez bien voulu me répondre que vous ne pourriez consentir à faire constater les dégradations que ladite trombe avait occasionnées sur mes travaux, que lorsqu'il serait démontré que les pluies torrentielles des 10 et 11 Octobre pouvaient être considérées comme un cas de force majeure, et qu'il vous aurait été prouvé que j'avais pris toutes les précautions voulues pour protéger mes fouilles

Je me suis empressé de vous adresser un Mémoire contenant les démonstration et preuve demandées; mais il n'a encore donné lieu à aucune décision.

Je ne puis donc que réclamer cette décison que commandent à la fois le
droit et l'équité.

Les éboulements déterminés par la trombe des 10 et 11 Octobre ne sont
point les seuls, Monsieur le Maire, qui doivent motiver une indemnité en ma
faveur. Je crois, effectivement, qu'il est de toute justice qu'il me soit tenu
compte de tous les éboulements qui se sont produits pendant l'exécution des
travaux ainsi que de leurs conséquences; attendu que ces éboulements ne
sont dûs qu'à ce que l'Administration m'a forcément imposé pour l'exécution
des ouvrages, des formes, dimensions et mode d'exécution qui les ont nécessairement provoqués au lieu de les prévenir.

En effet, il était de toute impossibilité de déblayer à pic, comme cela a été
expressément ordonné dans des terrains gras et marneux, des fouilles ayant
jusqu'à 4, 5 et 6 mètres de profondeur. Cette impossibilité n'a pas même
besoin d'être prouvée, ces éboulements étaient d'autant plus inévitables que
la masse de terre à provenir desdites fouilles devait être déposée de chaque
côté, sur une largeur de $2^m 40^e$ seulement, et que le poids énorme de ces
terres qui se détrempaient profondément, lors des pluies, entraînait nécessairement les côtés au fond desdites fouilles.

On objectera, sans doute que le devis comprend des frais d'étrésillonnages,
et que ces frais ont été prévus pour prévenir les éboulements; mais, à quoi
pouvaient servir toutes les dépenses de ce genre, lorsque le terrain se liqué-
fiait, pour ainsi dire, par les temps pluvieux, et venait ainsi en boue liquide,
remplir une partie du canal? Alors, les étrésillonnages, bien qu'ils eussent
été serrés autant que possible et étagés à cinq, six et même sept rangées,
s'écroulaient sans qu'il fût aucunement possible d'en empêcher. Des madriers
jointés n'auraient pas même arrêté ces éboulements.

Il en est résulté des dépenses considérables pour l'enlèvement de ces terres réduites en boues liquides, et pour leur bardage au sommet des terres
restées en dépôt de chaque côté des fouilles.

Il en est résulté également sur plusieurs points, que la chute trop brusque
des terres s'éboulant dans les fouilles, malgré toutes les précautions possibles, ont entraîné la chute de la galerie en béton, et qu'il a fallu reconstruire

cette galerie à grands frais, et souvent même la reconstruire en maçonnerie, de nouveaux écrasements étant autrement inévitables par suite de la nature du sol et des circonstances locales.

Voici d'ailleurs les faits qui se sont produits jusqu'à ce jour dans l'exécution de mes ouvrages. Ces faits, qui ne sauraient être niés, démontrent surabondamment que les formes, dimensions et mode de construction qui m'ont été imposés, laissaient considérablement à désirer sous le point de vue de la solidité et de la durée des ouvrages, et justifient les appréhensions que j'avais formulées, et les observations que je n'ai cessé de présenter depuis que j'ai été dans l'obligation de mettre la main à l'œuvre.

Du profil n° 42 au profil n° 49, sur la longueur de 82 mètres, des éboulements de terres considérables sont survenus tout-à-coup après l'exécution de la voûte en béton. Ces éboulements, qui ont été produits par une pluie abondante ont eu lieu, malgré que les fouilles fussent parfaitement étrésillonnées à plusieurs rangs, et ils ont écrasé cette voûte sur 10ᵐ 50° de longueur. Les terres sont d'une nature si mauvaise sur ce point, que bien que l'épaisseur du remblai à faire sur le sommet de la voûte ne dût être que de 1ᵐ 90°, il n'était pas possible de reconstruire cette partie de voûte en béton sans s'exposer sûrement à de nouveaux éboulements. J'ai donc été forcé par les circonstances, de la reconstruire en maçonnerie.

Du profil n° 61 au profil n° 69, sur la longueur de 78 mètres, où la voûte devait être et a été construite en maçonnerie, puisque le radier devait y être enfoncé en terre de 6, et même 7 mètres, il s'est déclaré chaque jour, dans les fouilles des éboulements de terres considérables, malgré 4 et même 5 rangées d'étrésillons superposées, et malgré qu'il eût été pris toutes les précautions imaginables et commandées par la nature du sol.

Le 2 Mars dernier, au moment où M. le Conducteur des travaux se trouvait à quelques pas de ce point, il s'y est encore manifesté un éboulement qui a porté la largeur de la fouille de 2ᵐ 50° qu'elle devait seulement avoir, à 5 et 6 mètres de largeur.

Et cela ne saurait surprendre, lorsque l'on considère qu'il a fallu aller établir des fondations en maçonnerie de 2ᵐ 38° de largeur au fond d'une rigole creusée à pic, d'une profondeur de 6 et 7 mètres, et n'ayant en tout que 2ᵐ 40° de largeur.

4

Du profil 69 au profil 105, il s'est également déclaré plusieurs éboulements regrettables.

Du profil 105 au profil 110, sur la longueur de 77 mètres, les éboulements ont été considérables ; ils se sont déclarés avant la construction de la voûte. Par suite de ces éboulements, la fouille sur ce point présentait une largeur moyenne de 3^m 50^c

Du profil 110 au profil 113, sur la longueur de 63^m 30^c, il est survenu, à la suite de quelques jours de pluie, un éboulement tel, qu'il a détruit la galerie en béton, sur une longueur de plus de 10 mètres. Cet éboulement m'a mis dans l'absolue nécessité de reconstruire cette partie de voûte en maçonnerie. Il était, effectivement, de toute impossibilité de la rétablir en béton. Le poids des terres et la nature excessivement grasse de ces mêmes terres, auraient encore détruit la nouvelle voûte en béton.

Du profil 113 au profil 114, et du profil 114 au profil 132, sur la longueur de 277^m 90^c, les éboulements considérables qui se sont manifestés sur ce point ont été occasionnés par la trombe d'eau des 10 et 11 Octobre 1856. Ces éboulements ayant fait l'objet d'une réclamation particulière, et ayant été déjà rappelés ci-dessus, je ne les mentionne ici de nouveau que pour mémoire. Je dirai seulement que ces éboulements ont été tellement profonds et violents, qu'ils ont généralement renversé les piédroits en maçonnerie de la galerie des eaux qui venaient d'être construits.

Du profil 132 au profil 139, sur la longueur de 48 mètres, les éboulements des terres qui sont tombés sur la voûte en béton ont détruit cette voûte sur une longueur de 20^m 75^c. Cependant, l'épaisseur de la couche de terre devant recouvrir la voûte sur ce point, ne devait pas dépasser un mètre, mais ces terres qui sont d'une nature grasse et marneuse avaient été détrempées et liquéfiées par la grande quantité d'eau produite par le réservoir Carvalho (fontaine de Belleval), et qui venait s'ajouter aux pluies déjà trop abondantes. Il a fallu nécessairement reconstruire en maçonnerie la portion de voûte éboulée. Il y avait effectivement impossibilité à le rétablir en béton, ou, plutôt, si elle eût été rétablie de cette manière, elle n'aurait pu résister aux terres délayées jointes aux eaux du réservoir dont il vient d'être parlé, ce qui aurait nécessité des dépenses incessantes et en pure perte.

Du profil 139 au profil 140, sur la longueur de 36^m 80^c, la voûte s'est éboulée de la même manière sur une longueur de plus de 20^m, et je ne suis parvenu à la construire en béton, qu'avec des frais énormes et des peines sans nombre.

Du profil 140 au profil 145, je n'ai éprouvé aucune avarie; le temps a favorisé ce travail, et, de plus, les fouilles sont peu profondes sur ce point.

Mais, du profil n° 145 au profil 151, sur la longueur de 47^m, il s'est déclaré dans les talus à pic, des éboulements considérables dont la largeur moyenne a atteint 3^m 50^c. Ces éboulements qui n'ont eu lieu, je le répète, que parce que les fouilles ont été creusées à pic, en vertu des ordres de l'Administration, et parce que la nature vaseuse du sol rendait toute consolidation impossible, m'ont constitué dans des dépenses considérables.

De plus, entre les profils n°s 151 et 154, sur la longueur de 72^m 50^c, les éboulements de même genre qui se sont produits par les mêmes motifs et malgré tous mes soins, ont écrasé la voûte en béton sur une longueur de plus de 10^m, et il a fallu reconstruire à grands frais cette partie de voûte, après l'enlèvement des vases et des épuisements très-dispendieux.

Du profil n° 154 au profil suivant, sur une longueur de 20^m, il y a eu des éboulements de 10^m 20^c de longueur, et 4^m de largeur.

Entre les profils 155 et 157, sur la longueur de 50^m 40^c, il s'est manifesté des éboulements considérables par suite des pluies. Comme pour ceux qui précèdent, rien n'a pu ni les prévenir ni les empêcher; la fouille qui ne devait avoir que 2^m 40^c a pris réellement une largeur de 4 et 5 mètres.

Entre les profils n°s 157 et 162, sur la longueur de 121^m 60^c, il en a été de même que pour la partie qui précède; que l'on juge maintenant des dépenses dans lesquelles j'ai été constitué par la force majeure jointe aux dispositions prescrites pour débarrasser ces fouilles des terres vaseuses qui les encombraient afin d'y construire le radier de la galerie, et ensuite la galerie elle-même.

Entre les profils n°s 162 et 168, sur la longueur de 78^m, l'écroulement des terres qui s'est manifesté suivant les mêmes dimensions que si dessus, a écrasé la voûte en béton sur une longueur de 8^m 40^c, et il a fallu, comme ci-dessus, la reconstruire à grands frais, après un dévasement et des épuisements ruineux.

Entre les profils n°s 165 et 171, sur la longueur de 44^m, l'écroulement des terres a entraîné celui de la voûte en béton sur une longueur de 16^m 50^c, et la nature éminemment argileuse du sol n'a pas permis de reconstruire cette voûte en béton, il a fallu la reconstruire en moëllon, malgré que l'épaisseur des terres devant la couvrir ne dût pas excéder 1 mètre.

Enfin, d'autres éboulements considérables ont également eu lieu entre les profils 171 et 176, sur la longueur de 78^m.

Tous les éboulements dont le détail précède, Monsieur le Maire, ont été occasionnés par l'ordre qui m'a été imposé de creuser à pic des fouilles de 4, 5 et même 6 mètres, de profondeur dans des terrains d'une nature éminemment grasse et argileuse. Le relèvement de toutes ces terres du fond des fouilles et leur bardage sur les deux côtés desdites fouilles m'ont occasionné, d'après les attachements que j'ai tenus en cours d'œuvre, indépendamment de celle qui m'a été occasionnée par la trombe des 10 et 11 Octobre, une dépense de 14,991 fr. 99 c. dont je sollicite le remboursement.

Je sollicite également le paiement des 96^m 15^c courants de galerie en béton que j'ai été forcé de reconstruire, soit 68^m 69^c cubes, à 21 fr. l'un. . . . . F. 1,442 49

2me RÉCLAMATION.

Épuisements occasionnés par les éboulements qui viennent d'être énumérés.

Le devis prévoyait que la somme nécessaire pour effectuer les épuisements sur la longueur de 2,135^m formant celle du projet, ne dépasserait pas 3,000 fr., mais le devis n'indiquait pas les dimensions des ouvrages ; or, les dimensions fixées en cours d'œuvre et imposées à l'entrepreneur, ont déterminé nécessairement des éboulements, et, par suite, l'inondation des fouilles. Il en est résulté que la dépense pour épuisements s'est réellement élevée à 7,560 fr. ainsi que le constatent les attachements que j'ai fait tenir en cours d'œuvre.

En effet, il y a eu continuellement sur mes chantiers, pendant les neuf mois qu'ils ont fonctionnés, huit hommes employés à 3 fr. et 3 fr. 50 c. par jour, aux épuisements dont il s'agit. Ces épuisements m'ayant été occasionnés par des circonstances indépendantes de ma volonté, par suite des ordres qui m'ont été imposés, je crois être fondé en justice à demander le paiement d'une somme de. . . . . F. 4,560 «

qui, jointe aux. . . . . 3,000 »

des devis, forme le total réellement dépensé de. . . . . . . F. 7,560 »

3me RÉCLAMATION.

Rocher compacte trouvé dans les fouilles de la galerie.

A partir de la propriété Navaille jusqu'à celle de M. Bergeon, sur la longueur de 1,286^m 93^c, le déblai des fouilles a présenté les deux tiers de rocher compacte, d'une extraction difficile et imprévue.

Le cube total des fouilles entre ces deux points ayant été de   14,782^m 15^c
celui du rocher a été de. . . . . 9,854^m 76^c

Je demande que l'extraction et le bardage de ce rocher me soit payé à raison de 5 fr. le mètre cube, prix qu'il m'a coûté réellement, par suite de la profondeur des fouilles, de leur peu de largeur et de la nécessité d'y employer de la poudre de mine : 4,000 kilogrammes de cette poudre y ont été employés.

Je crois, Monsieur le Maire, que la justice commande qu'il me soit tenu compte de ce travail imprévu, ainsi que cela a eu lieu pour mes prédécesseurs.

Les 9,854^m 76^c cubes de rocher à 5 fr. l'un, produisent une somme de. . . . . F. 49,273 80
mais il faut en déduire le prix qui m'est alloué comme fouille ordinaire. 23,651 42

Reste. . . . . F. 25,622 38

dont je sollicite le paiement, attendu qu'il m'est légitimement dû

4ᵐᵉ RÉCLAMATION.

Dépenses qui m'ont été occasionnées par suite de la trop faible largeur allouée des fouilles pour le dépôt des terres et rocher en provenant.

Il n'est pas besoin, Monsieur le Maire, d'entrer ici dans aucun développement pour démontrer que les tranchées étant presque partout excessivement profondes, l'espace accordé de chaque côté pour le dépôt des matériaux en provenant, n'était pas suffisant pour les contenir sur plusieurs points. Enfin sur les points où ce dépôt a pu être effectué, les terres se sont élevées jusqu'à 3 et 4 mètres de hauteur, en sorte qu'il a été de toute impossibilité, malgré que cela fût prescrit, de suivre ces dépôts pour l'approvisionnement des matériaux destinés à la construction de la galerie et des autres ouvrages y relatifs.

Ce fait ne saurait être nié puisque l'Administration l'a reconnu elle-même en indemnisant, en plusieurs endroits, les propriétaires pour obtenir l'élargissement des dépôts.

Il en est résulté qu'il m'a fallu acheter de nombreux passages au travers des propriétés privées, pour l'approvisionnement des matériaux dont il s'agit, et qu'il m'a fallu ensuite faire barder ces matériaux de ces propriétés jusqu'au fond des fouilles, en les faisant passer par-dessus le dépôt des terres.

Les indemnités de passages que j'ai payées à MM. Navaille, Bondon et autres, se sont élevées à. . . . . F.   1,200   »
et les frais de bardage m'ont constitué dans une dépense de. . . .   4,000   »

Total. . . . . F.   5,200   »

dont je sollicite le remboursement.

On objectera, peut-être, qu'il fallait remblayer sur la voûte au fur et à mesure de sa construction, et opérer les approvisionnements en passant sur l'un des emplacements du dépôt; mais, Monsieur le Maire, l'épaisseur de la voûte de la galerie qui m'a été imposée était trop faible pour pouvoir supporter, avant que le béton n'eût fait entièrement corps, le poids de terres grasses et vaseuses. Si j'eusse opéré ainsi, la galerie en béton se serait entièrement écroulée au fur et à mesure du remblaiement, et il aurait fallu la refaire en entier.

5ᵉ RÉCLAMATION.

Crépissages en mortier surhydraulisé.

Le 12 Mars dernier, Monsieur le Maire, j'ai eu l'honneur de vous présenter les observations résultant de l'expérience que j'avais faite de l'application des dispositions de l'article 17 du chapitre II de mon entreprise.

J'ai démontré que si l'on opérait ces crépissages conformément aux dispositions de cet article, le but serait manqué.

Le fait a été reconnu par M. le Conducteur des travaux lui-même.

Je me suis donc empressé de le porter à votre connaissance, en vous demandant une décision.

Cette décision n'ayant pas été prise, et M. le conducteur Jouandot ayant reconnu qu'il était indispensable d'exécuter les crépissages dont il s'agit, uniquement en mortier surhydraulisé, je les ai exécutés ainsi. Je demande donc qu'ils me soient comptés à raison de 2 fr. 25 c. le mètre carré, prix qu'ils m'ont coûté : soit pour les 4,041ᵐ 98ᵒ, la somme de 9,094 fr. 45 c.

6ᵉ RÉCLAMATION.

Travaux exécutés par MM. Troye et Dufour dans la propriété Navaille.

Lorsque j'ai voulu terminer les travaux ébauchés par MM. Toye et Dufour dans la propriété Navaille, conformément aux dispositions de l'article 1ᵉʳ du chapitre 5 du devis, j'ai reconnu que les éboulements dont j'ai été moi-même victime, ainsi que je viens de l'établir tout-à-l'heure, s'étaient également manifestés sur ce point.

J'ai conséquemment demandé qu'il me soit tenu compte du surcroît de travail à résulter de l'enlèvement de ces éboulements. Par une lettre, en date du 29 Octobre dernier, vous avez décidé, Monsieur le Maire, que cette satisfaction me serait accordée aussitôt que je vous aurais produit l'état des dépenses que j'aurais faites.

J'ai dressé cet état, je vous l'ai adressé ; vous m'avez répondu qu'il fallait qu'il fût visé par M. Devanne; je l'ai soumis à M. Devanne , mais l'affaire est restée là.

Je demande donc, Monsieur le Maire, le remboursement de ces dépenses qui se sont élevées à 1,559ᶜ 75ᶜ

Je termine cette longue énumération de mes pertes, Monsieur le Maire, en répétant ce que j'ai déjà dit en commençant, qu'elles m'ont été forcément occasionnées par les dimensions et formes des ouvrages qui m'ont été imposées en cours d'œuvre.

Il était effectivement de toute impossibilité :

1° De déblayer, sans qu'il survînt des éboulements , par suite de la nature grasse et vaseuse du sol, et de la profondeur du déblai, la fouille de la galerie suivant des lignes verticales distantes l'une de l'autre seulement de 2ᵐ 40ᶜ, en chargeant les deux côtés du poids énorme des terres et matériaux en provenant ;

2° De faire tenir dans la seule largeur désignée de chaque côté de la fouille, tous les matériaux qu'elle produisait par suite de sa profondeur ;

3° De combler les fouilles au fur et à mesure de l'exécution de la galerie, attendu que celle-ci aurait été immédiatement écrasée par le poids énorme des terres par suite de sa trop faible épaisseur à la clef; 0ᵐ 20ᶜ seulement ;

4° De construire en béton la galerie de certaines parties du canal qui ne se sont éboulées que, parce que le pays est couvert de sources, et que, de plus, le canal est voisin de réservoirs et de fontaines, dont les eaux viennent passer très-souvent sur la voûte ;

5° Enfin, d'empêcher les filtrations des eaux du sol dans le canal d'amenée, par suite de la trop faible épaisseur de 0ᵐ 40ᶜ donnée aux piédroits en maçonnerie comparée au poids du volume des eaux existant dans ces terrains qui, sur quelques points, sont élevés de 3, 4 et 5 mètres au-dessus de l'extrados de la galerie.

Qu'il me soit maintenant permis, Monsieur le Maire, d'appeler votre haute bienveillance et votre sage impartialité sur les sacrifices que je me suis imposés pour accomplir ponctuellement mes obligations, sur le zèle que j'ai déployé dans mes travaux pour l'accomplissement de ma tâche. C'est au moyen de ces sacrifices et de ce zèle, que j'ai pu parvenir, pendant une campagne où la cherté des subsistances a augmenté démesurément les prix des matériaux et de la main-d'œuvre, à terminer mes travaux dans la limite du délai convenu. J'ose donc espérer que vous voudrez bien m'en tenir compte dans votre justice éclairée.

C'est avec ces sentiments que je suis avec respect,

Monsieur le Maire,

Votre très-humble et dévoué serviteur.

LACHAUD.

La production de ces diverses pièces a éveillé, je dois le dire, toute la sollicitude de M. le Maire ; mais j'ignore les motifs qui ont paralysé ses bonnes intentions. Ce qu'il y a de certain, c'est que, malgré la bonne promesse que m'avait faite M. le Maire de me faire régler très-promptement, je n'avais encore reçu aucune espèce de réponse à mes réclamations, à la date du 21 Octobre dernier, c'est-à-dire, plus de deux mois et demi après la production des pièces qui précèdent.

Ce long silence me parut calculé, je dois l'avouer ici ; aussi, j'adressai, le même jour, à M. le Maire, la lettre que je reproduis ci-dessous :

Bordeaux, le 21 Octobre 1857.

MONSIEUR LE MAIRE,

Le 13 Août dernier, j'ai eu l'honneur de vous exposer que mes travaux du canal d'amenée des eaux à Bordeaux, dans la commune de Bruges, étaient terminés depuis plusieurs mois et d'en solliciter la réception provisoire.

5

J'ai joint à ma requête, qui contenait un résumé de toutes les réclamations auxquelles ces travaux ont donné lieu, un décompte général de tous les ouvrages que j'ai exécutés.

Depuis cette époque, Monsieur le Maire, je n'ai reçu aucune réponse ni relativement à mon décompte général, ni relativement à la réception de mes travaux, ni même relativement à mes réclamations.

Ce silence de la part de l'Administration qui se montrait si empressée lorsqu'il s'agissait de la prompte exécution des travaux, a tout lieu de surprendre ; d'autant plus, que rien ne l'explique si ce n'est qu'elle peut ainsi garder entre ses mains les sommes qui m'appartiennent légitimement et qu'elle devrait au contraire me faire payer en les mandatant en ma faveur.

Cette situation, Monsieur le Maire, devient réellement intolérable. L'Administration ne saurait d'ailleurs se refuser à l'accomplissement de ses obligations sans donner ouverture à indemnité en ma faveur. Je vais donc être incessamment dans l'obligation de faire le nécessaire pour arriver à ce résultat, si elle persiste à opposer le silence et l'inertie aux droits que je tiens du contrat qui nous lie et aux justes réclamations que je lui ai adressées.

Pendant le cours des travaux, j'ai eu l'honneur de vous présenter plusieurs de ces réclamations ; aucune n'a encore été suivie d'une décision définitive.

Dans cet état de choses, mes travaux étant terminés et n'entendant nullement parler de mon décompte, j'ai dressé moi-même le décompte des ouvrages que j'ai exécutés et j'ai eu l'honneur de vous l'adresser, à la date du 13 Août dernier, avec le mémoire dont j'ai déjà parlé et dans lequel j'ai groupé toutes mes réclamations.

Ce décompte et ce mémoire n'ont eux-mêmes été suivis d'aucune décision.

Désirant donner tous mes soins à d'autres travaux, je serais pourtant bien aise de terminer promptement cette affaire, en acceptant un décompte définitif qui mettrait fin à toute discussion.

C'est par ce motif que j'ai profité de mon séjour à Bordeaux pour passer dans le bureau de M. l'Ingénieur et lui réclamer mon décompte. M. l'Ingénieur n'y était pas, mais MM. les employés m'ont communiqué les deux pièces ci-jointes qu'ils qualifient de décompte bien qu'elles ne soient revêtues d'aucune signature et qu'elles n'aient ainsi aucun caractère d'authenticité.

Je n'ai fait que jeter les yeux sur ces pièces, mais je déclare dès aujour-d'hui qu'elles contiennent de graves erreurs et des omissions nombreuses.

Je m'en réfère, d'ailleurs, Monsieur le Maire, au décompte général que j'ai eu l'honneur de vous adresser le 13 Août dernier et à mon mémoire du même jour.

J'ai fait de nombreux travaux, et, je dois le dire, j'ai trouvé dans toutes les Administrations, empressement et loyauté à régler les comptes des entre-preneurs et à les mettre ainsi à même de ne pas gaspiller leur temps et de s'occuper de leurs autres travaux pour qu'ils pussent faire honneur à leurs engagements et soutenir en même temps leurs familles.

Veuillez avoir la bonté de donner des ordres pour qu'il en soit ainsi rela-tivement aux ouvrages que j'ai exécutés pour le compte de la Ville.

Jamais personne, Monsieur le Maire, n'a plus détesté que moi les difficultés et les procès ; je les éviterai autant qu'il sera en mon pouvoir. Si donc, il s'élevait des doutes sur la légitimité de mes réclamations, si vous pensiez seulement que les faits que j'expose sont exagérés ou inexacts, eh bien, que ces faits soient soumis à la décision de deux experts chargés de les examiner et de les apprécier contradictoirement en présence du conducteur des travaux ou de l'Ingénieur et de l'entrepreneur.

Je m'engage dès aujourd'hui à accepter leur décision.

J'attends de votre haute loyauté, Monsieur le Maire, une réponse très-prompte à l'objet de cette lettre qui n'est, à vrai dire, qu'une nouvelle récla-mation que je me trouve forcé de vous faire. Croyez que c'est avec regret que je me vois dans la nécessité de vous fatiguer encore de mes plaintes, et agréez les sentiments de respectueuse considération et d'entier dévouement avec lesquels je suis,

Monsieur le Maire,

Votre très-humble et très-obéissant serviteur.

LACHAUD.

Cette lettre a démontré, une fois de plus à M. le Maire, com-bien j'étais fondé à réclamer le règlement de mes ouvrages, et une réponse à mes diverses réclamations. Je crois savoir, que ce Magistrat se plaignit hautement à MM. les Ingénieurs de leur inertie à mon égard ; ce qui est certain, c'est que MM. les Ingénieurs répondirent enfin à mes réclamations, à la date du 31 Octobre dernier.

Cette réponse me fut communiquée quelques jours après, et j'y ai répliqué, à la date du 14 de ce mois.

Comme je cite textuellement dans ma réplique, le rapport de MM. les Ingénieurs, je ne le reproduirai point ici séparément ; je me bornerai à transcrire cette réplique :

Bordeaux, le 14 Novembre 1857.

MONSIEUR LE MAIRE,

Le 31 Juillet 1856, j'ai entrepris, moyennant un rabais de 1 p. 100 sur les prix du détail estimatif, les ouvrages à exécuter pour la construction du canal d'amenée des eaux de Bordeaux sur le territoire de la commune de Bruges.

J'ai terminé ces travaux dans le délai qui avait été fixé au devis.

Pour atteindre ce but, je n'ai reculé devant aucun sacrifice ; aucun obstacle n'a pu arrêter mon zèle, je n'ai pas même hésité devant ceux qui provenaient incontestablement de cas de force majeure.

Cependant, depuis l'époque où j'ai mis la dernière main à ces travaux, époque qui remonte à la fin du mois de Juin dernier, je n'ai pu obtenir de l'Administration, malgré mes instances pressantes et réitérées, ni le règlement de mes ouvrages, ni même leur réception provisoire, contrairement aux prescriptions de mon devis et cahier des charges ; on y lit effectivement, chapitre IV, article 4 :

« Les travaux achevés, le décompte contradictoire en sera fait dans le
« mois qui suivra l'achèvement, et l'entrepreneur recevra les neuf dixièmes
« de leur montant......... (1). »

Cette situation, Monsieur le Maire, devait donc nécessairement me préoc-
cuper ; aussi, le 13 Août dernier, ai-je cherché à y mettre un terme en vous
présentant moi-même le décompte général de mes ouvrages, et en vous sup-
pliant de faire procéder sans retard à leur règlement contradictoire.

Ce décompte général était d'ailleurs accompagné d'un long Mémoire explicatif et justificatif de chacune de mes réclamations.

Qu'a fait l'Administration ?

Préoccupée, sans doute, par d'autres soins, par d'autres intérêts, elle n'a
pu examiner jusqu'à ces derniers jours, ni le Mémoire ni le décompte dont
il s'agit.

J'ai pu m'en convaincre, le 18 Octobre dernier, jour où je me suis présenté dans les bureaux de M. l'Ingénieur des fontaines, pour réclamer vivement une solution, et où, pour toute réponse, je reçus communication d'un
métré et d'un détail estimatif qu'on me dit être mon décompte général.

Je pris immédiatement connaissance de ces deux pièces ; mais, ayant bientôt
reconnu, non-seulement qu'elles ne portaient aucune date ni aucune signature, et qu'elles n'avaient dès-lors aucune espèce d'authenticité, mais encore
qu'elles étaient couvertes de ratures et de surcharges, et qu'elles contenaient
même des erreurs de toute sorte, je vous écrivis aussitôt (21 Octobre 1857),
pour me plaindre de nouveau de la situation qui m'était faite. De plus, Monsieur le Maire, pour vous prouver combien ma plainte était fondée, je vous
adressai en même temps les deux pièces qui m'avaient été communiquées. *Enfin,
j'insistai vivement* auprès de vous pour que l'Administration voulût bien
répondre sans retard aux diverses réclamations que je lui avais présentées.
Après la lecture de cette dernière lettre, vous avez sans doute jugé, Monsieur
le Maire, que j'étais réellement en droit de me plaindre. Ce qui le prouve,

(1) Le retard que l'on met à dresser contradictoirement mon décompte, constitue une
violation flagrante du contrat qui pourrait me donner droit à des dommages-intérêts ;
l'Administration me retenant ainsi une partie des sommes qui doivent m'être propres.

c'est que quelques jours après, c'est-à-dire le 3 du courant, j'ai reçu communication d'un rapport dressé le 31 du mois dernier, par M. Ozanne, ingénieur-adjoint, sur les diverses réclamations contenues dans mon Mémoire du 13 Août et dans le décompte général qui l'accompagnait.

Dans ce rapport, M. Ozanne combat en tous points, les chefs de demande que j'ai formulés; il conclut ensuite à ce qu'ils soient purement et simplement écartés.

Le droit et la justice me faisant également un devoir de soutenir que cette conclusion ne saurait être admise, je vais le faire aussi brièvement qu'il me sera possible.

Pour plus de clarté, je suivrai l'ordre adopté dans le rapport de M. Ozanne, et, pour abréger, je renverrai, toutes les fois qu'il sera utile, aux divers documents ou lettres qui ont été échangés entre l'Administration et moi, lettres et documents qui sont entre vos mains, mais qui pourraient, au besoin, être annexés au présent Mémoire à titre de renseignements et de justifications.

1° *Éboulements continuels survenus dans les fouilles.*

Ce chef de mes réclamations, Monsieur le Maire, est parfaitement établi et justifié : 1° dans ma lettre du 16 Octobre 1856 ; 2° dans le procès-verbal du garde-champêtre de Bruges relatant les faits sous *la foi du serment ;* 3° dans votre lettre du 13 Novembre 1856 ; 4° dans ma réponse à cette lettre en date du 18 du même mois ; enfin, dans mon Mémoire, déjà cité, du 13 Août de cette année, je me réfère donc absolument au contenu de ces diverses pièces.

Cependant, M. l'ingénieur Ozanne n'en combat pas moins ce chef de mes réclamations.

Il affirme d'abord que les éboulements dont je me plains : « Ne peuvent « être attribués qu'au manque presque absolu d'étrésillons, manque dont on « s'est plaint fort souvent, ajoute-t-il, parce qu'il compromettait la sûreté « des ouvriers. »

Cette affirmation, Monsieur le Maire, a tout lieu de surprendre; c'est effectivement la première fois qu'elle est produite; aussi, permettez-moi de le dire, M. Ozanne serait bien embarrassé, s'il était mis en demeure de prouver la vérité de ce qu'il avance !

Comment aurait-on pu, d'ailleurs, se plaindre du manque d'étrésillons sur mes travaux, puisqu'il est de notoriété publique que j'y ai exclusivement affecté tout le matériel que j'ai acquis des entrepreneurs à qui j'ai succédé : MM. Troye et Dufour, et que j'ai même augmenté ce matériel de tout celui de même genre provenant de mes travaux de la gare des chemins de fer du Midi que je venais alors de terminer complètement ?

Cette plainte ne pouvait donc pas être formulée par l'Administration ; aussi, je le répète, je suis on ne peut plus surpris de l'affirmation de M. Ozanne, que je ne puis attribuer qu'à une erreur regrettable, je déclare ensuite sans crainte d'être démenti, que pendant l'exécution des travaux, je n'ai jamais reçu aucune plainte de ce genre écrite ou verbale, ni de la part de MM. les Ingénieurs ni de la part de MM. les conducteurs et surveillants.

Et pourquoi n'ai-je pas reçu de plaintes de ce genre ? c'est que je me suis toujours littéralement conformé aux prescriptions de mon devis. Je ne pouvais d'ailleurs faire autrement, attendu que les fouilles devaient être partout creusées à pic, et que, sur plusieurs points, elles devaient être poussées à une profondeur telle qu'elles n'auraient pu être exécutées sans être soutenues par quatre, cinq et même six rangées d'étrésillons.

Il faut dire ensuite qu'en admettant même que la nature ferme du sol, aurait pu permettre de diminuer le nombre de ces rangées d'étrésillons, il était indispensable de les placer en grand nombre pour que les ouvriers pussent effectuer le montage des terres et autres matériaux provenant des fouilles, et le jet de ces mêmes matériaux, de chaque côté de l'emplacement desdites fouilles sur la zône limitée par l'Administration elle-même.

Il demeure donc constant, Monsieur le Maire, que je n'ai point éludé, à cet égard, aucune des obligations qui m'étaient imposées par mon marché ; je persiste donc à demander que justice me soit rendue sur ce point.

Ce n'est pas d'ailleurs six mois après que des travaux sont entièrement achevés, et sans autre preuve à l'appui, qu'une simple allégation, que l'on peut être fondé à soutenir qu'un Entrepreneur a manqué à l'accomplissement de tout ou partie de ses obligations.

M. Ozanne ajoute : « De plus, dans la portion des tranchées où les eaux

« ont fait irruption à la suite des pluies du 11 Octobre 1856, il n'avait été
« pris malgré des avis réitérés, aucune précaution pour ménager l'écoule-
« ment des eaux du coteau par dessus la tranchée. »

Il continue ensuite en disant qu'il en est résulté : « Que les eaux se sont
« forcément accumulées derrière les cavaliers qui leur opposaient un obsta-
« cle infranchissable et, en détrempant le sol, elles ont occasionné la chute
« des terres sur la voûte en béton qui n'a pu résister à un pareil choc. »

M. l'Ingénieur Ozanne, je dois le dire, n'est venu qu'une seule fois sur
mes travaux pendant toute leur durée qui a été de onze mois ; il n'est donc
pas étonnant qu'il expose aujourd'hui les faits relatifs à ces mêmes travaux
d'une façon tout autre que la véritable ; il aura été induit en erreur par des
rapports inexacts.

Il prétend que les eaux n'ont fait irruption dans la tranchée à la suite des
pluies du 11 Octobre 1856, que parce qu'il ne leur avait pas été ménagé un
écoulement par dessus la tranchée.

C'est là, Monsieur le Maire, une prétention qui ne peut être admise, si
l'on considère que les éboulements du 11 Octobre ont été occasionnés par
une trombe d'eau et de vent qui ne pouvait pas être prévue et qui, conséquemment, a constitué réellement un cas de force majeure dans le sens prévu
par l'article 26 des clauses générales imposées aux entrepreneurs des Ponts
et Chaussées, clauses auxquelles se réfère mon devis.

J'ai eu l'honneur de vous signaler ce cas de force majeure, par ma
requête du 16 Octobre 1856 ; j'y ai joint un procès-verbal dressé par un
agent indépendant et assermenté, constatant la réalité des faits.

Ce cas de force majeure ne saurait donc être nié aujourd'hui.

Il est vrai que, par votre lettre du 13 Novembre 1856, vous m'avez fait
savoir que vous ne consentiriez à reconnaître ce cas de force majeure, et à
faire constater les dégradations qui en étaient résultées pour mes travaux,
qu'autant qu'il vous serait démontré que les pluies des 10 et 11 Octobre pouvaient être réellement considérées comme un cas de force majeure et que,
d'un autre côté, j'avais pris toutes les précautions voulues pour protéger
mes fouilles ; mais il est vrai aussi que, le 17 du même mois, j'ai eu l'honneur de produire les preuves demandées, preuves qui sont demeurées sans
réplique et qui, conséquemment, ont été acceptées.

Dans tous les cas, je me suis exactement conformé, en ce point, aux dispositions de l'article 26 des clauses générales ; je maintiens donc entièrement mes réclamations des 16 Octobre et 17 Novembre 1856, j'ajouterai seulement que la jurisprudence du Conseil d'État, en cette matière, me donne droit à une juste et légitime indemnité, à raison de la trombe du 11 Octobre 1856.

Tout ce que je viens de dire, Monsieur le Maire, à l'occasion de mes réclamations précitées, M. Ozanne en a eu connaissance, puisque ces mêmes réclamations ont dû lui être renvoyées; cependant, cet Ingénieur n'en dit pas un mot dans son rapport du 31 Octobre 1857 ; il établit, au contraire, que tout le mal n'a été causé que parce que, malgré des avis réitérés, je n'avais pas pris les précautions nécessaires pour ménager l'écoulement des eaux du coteau par dessus la tranchée.

C'est une grave erreur ! En effet, il est de notoriété publique (et cela pourrait être attesté, au besoin, par les autorités et les habitants de Bruges), que toutes les précautions convenables avaient été prises en prévision des pluies même extraordinaires ; mais, comment prévoir une trombe désastreuse qui a tout renversé, qui a même emporté le chemin de fer d'Orléans, un peu au-dessus de Lormont où la circulation a été interrompue pendant trois jours, et qui, si elle avait eu lieu avant l'enlèvement des récoltes, aurait causé, dans un grand nombre de communes, des dommages irréparables !

Quant aux avis réitérés dont parle M. Ozanne, j'ai le regret de le dire, je n'en ai jamais eu connaissance, j'étais cependant constamment sur mes ateliers.

Dois-je répondre maintenant aux explications données par M. Ozanne pour faire comprendre comment a eu lieu l'invasion des eaux dans les fouilles ? je le crois complètement inutile ; attendu que les faits ont été suffisamment établis, et dans ma lettre du 16 Octobre 1856, et dans celle du 17 Novembre suivant.

Il faut dire ensuite que les éboulements ont été également provoqués sur toute l'étendue des travaux par la nature tourbeuse et vaseuse du sol qui se transformait en boue liquide par suite de l'action des pluies. Les cavaliers, composés de terres de cette nature, loin d'arrêter l'eau, et de préserver les fouilles de leur invasion, contribuaient donc au contraire à cette invasion

6

puisqu'ils s'écoulaient eux-mêmes en boue liquide dans le fond de la tranchée ; enfin , le sol lui-même qui est excessivement spongieux se détrempait facilement et, alors , les étrésillons ne trouvant plus de point d'appui suffisant, tout s'écroulait sous le poids énorme des terres restant encore en cavaliers de chaque côté de ladite tranchée.

M. Ozanne attribue ces accidents à l'imprévoyance et à la négligence de l'entrepreneur, en disant :

« M. Lachaud avait été invité , à plusieurs reprises , à ne pas faire ouvrir « d'avance une trop grande longueur de tranchée, parce que les terres expo- « sées à l'action de l'air se délitent et s'affaissent peu à peu , tandis qu'en ne « mettant à fond qu'au moment même d'établir les maçonneries , le terrain « fraîchement coupé se maintient facilement en place. »

Il ajoute : « Au lieu de se rendre à ces avis, M. Lachaud a fait ouvrir « d'avance une très-grande longueur de tranchée, ce qui a permis aux tasse- « ments de se produire, et ce n'est qu'au moment où les éboulements étaient im- « minents que l'on venait placer quelques étrésillons insuffisants. »

Je ne puis répondre, Monsieur le Maire, à ce passage du rapport de M. Ozanne , qu'en vous offrant la preuve du contraire au moyen d'un acte de notoriété publique renfermant les déclarations des propriétaires les plus honorables de Bruges qui ont vu et suivi , jour par jour, l'exécution de mes ouvrages. En effet, je n'ai jamais reçu les avis réitérés dont parle M. Ozanne. Je n'ai d'ailleurs exécuté à la fois que la longueur de tranchée nécessaire pour que mes maçons pussent travailler utilement et, la preuve , c'est que M. Ozanne reconnaît , lui-même , dans le premier paragraphe de son rapport, que sur plusieurs points, la voûte en béton n'a pu résister au choc des éboulements. Enfin , quant aux étrésillons, je répète qu'ils étaient placés dans les fouilles, au fur et à mesure de l'approfondissement de la tranchée, puisqu'ils étaient indispensables, non-seulement pour soutenir les parois, mais encore pour monter les terres et les déposer en cavaliers de chaque côté de la fouille.

M. Ozanne dit ensuite : « La faible largeur des tranchées dont M. Lachaud « se fait un argument , est une des conditions les plus favorables pour l'éta - « blissement d'étrésillons solides et efficaces. »

Mais il faut bien remarquer que cela n'est vrai que lorsque les parois des tranchées sont résistantes, mais que cela est totalement inexact, au contraire, dans le cas dont il s'agit, puisqu'il est démontré que les terres formant ces parois se détrempaient aux moindres pluies par suite de leur nature vaseuse et tourbeuse, et qu'alors tout s'écroulait malgré les plus grands soins, malgré les précautions les plus soutenues, ainsi que je l'ai établi dans mon Mémoire du 13 Août dernier, auquel je me réfère aujourd'hui.

2° Épuisements occasionnés par les éboulements.

M. l'Ingénieur Ozanne repousse ce chef de mes réclamations par les même motifs que ceux qu'il a énumérés relativement au chef qui précède, il dit :

« Le prix prévu au devis pour les frais d'épuisement eût été suffisant si « on n'eût pas laissé inonder la tranchée faute de moyens d'écoulement pour « les eaux supérieures, et si on eût eu la précaution, comme nous l'avons dit, « de bâtir dans les tranchées nouvellement ouvertes et sèches, au lieu de « laisser le fond et les parois se transformer en boue liquide par l'action du « temps et de la pluie. »

Ce que je viens de dire précédemment répond en tout point à ce passage du rapport de M. l'ingénieur Ozanne; je persiste donc à soutenir que l'inondation des tranchées n'a pas eu lieu faute de moyens d'écoulements pour les eaux supérieures; je persiste donc à soutenir que j'ai conduit mes travaux (déblais et maçonneries), de manière à employer utilement le travail de mes ouvriers, et à achever les ouvrages dans la limite du délai assigné au devis; je persiste donc également à soutenir que je n'ai jamais reçu aucune plainte ni verbale ni écrite, relativement à la manière dont j'ai exécuté mes travaux ; enfin, j'offre de prouver par des témoignages dignes de foi, que les fouilles n'ont été inondées qu'à raison de la nature spongieuse du sol qui absorbait les eaux pluviales et se transformait en une boue liquide dont il était impossible de prévenir l'écoulement au fond de la fouille malgré cinq et six rangées d'étrésillons, étrésillons qui s'écroulaient eux-mêmes parce qu'ils manquaient tout-à-coup de point d'appui.

M. l'Ingénieur observe, en marge de son rapport, que les épuisements étaient à forfait, aux termes de l'article 1er du chapitre III du devis, et que, conséquemment, l'entrepreneur ne saurait revenir sur ce forfait; cette

remarque serait fondée, Monsieur le Maire, si les éboulements et les épuisements étaient restés limités aux prévisions des cas ordinaires ; mais lorsqu'il est démontré que ces éboulements et épuisements ont été causés par des
cas de force majeure, que ces cas de force majeure ont été signalés en temps
convenable, et que l'entrepreneur n'est coupable d'aucune imprévoyance,
d'aucune négligence. il est évident que ces dépenses extraordinaires ne sauraient rester à la charge de l'adjudicataire, cela résulte effectivement, d'abord,
de la justice et de l'équité, ensuite du droit lui-même consacré par la jurisprudence du Conseil d'Etat dont je pourrais citer de nombreux arrêts.

3° *Rocher compacte trouvé dans les fouilles de la galerie.*

En réponse à ce chef de mes réclamations, M. l'Ingénieur s'exprime ainsi :

« L'extraction du rocher, entre la propriété Navaille et celle de M. Ber-
« geon n'est point un travail imprévu, c'est à raison même de la nature de ce
« sous-sol que le prix moyen du mètre cube de déblais de toute nature a été
« porté à 2 fr. 40 c. »

M. l'Ingénieur appuie ce raisonnement en citant le texte de l'article 3 du
chapitre III du devis.

Il est évident, Monsieur le Maire, que le prix de 2 fr. 40 c. n'a pu être
adopté pour l'extraction du rocher compacte, puisqu'il est incontestable que
le prix moyen de cette extraction, dans le département de la Gironde, s'élève
au moins à 5 fr. le mètre cube. La preuve d'ailleurs que le devis ne prévoyait
point qu'il pût exister du rocher compacte dans les fouilles, c'est qu'il énu-
mère, à l'article précité, les différentes natures de déblais prévues qui sont :
la terre, le sable, le gravier et la pierre, et qu'il n'y est fait aucune mention
de rocher compacte.

M. l'Ingénieur ne nie point qu'il ait été opéré des extractions de rocher
compacte entre la propriété Navaille et celle de M. Bergeon ; il le reconnaît, au
contraire. Le droit et la justice veulent donc que l'entrepreneur soit indem-
nisé de ce surcroît de dépense qui n'avait point été prévu.

J'ai effectivement exécuté les travaux sur ce point dans des conditions tout-à-fait autres que celles prévues et, partant, beaucoup plus onéreuses ; or, le Conseil d'État a décidé que lorsqu'il en était ainsi, l'entrepreneur avait réellement droit à une indemnité.

En effet, il n'entrera jamais dans l'esprit de personne de soutenir que le prix de 2 fr. 40 c. porté au devis pour la fouille d'un mètre cube de matériaux provenant de la tranchée, le montage de ces matériaux hors de ladite tranchée qui avait jusqu'à 7 ou 8 mètres de profondeur, le dépôt en cavaliers de chaque côté, puis après, la construction de la galerie, la reprise de ces matériaux pour les rejeter dans les fouilles et étendre l'excédant dans la zône acquise par la Ville ; ait été fixé dans la prévision de l'existence dans les fouilles d'un rocher compacte ne pouvant être extrait qu'au moyen de la poudre de mine.

Si je ne me trompe d'ailleurs, Monsieur le Maire, le fait s'est déjà produit pour les entrepreneurs à qui j'ai succédé, et l'Administration a bien voulu leur tenir compte de leurs dépenses en leur allouant une indemnité de 20,000 francs.

4° *Dépenses occasionnées par suite de la trop faible largeur affectée, de chaque côté de la fouille, au dépôt des terres et autres matières provenant desdites fouilles.*

A ce chef de mes réclamations, M. l'Ingénieur Ozanne répond en ces termes :

« La condition de n'occuper qu'une largeur de 8 mètres était formellement « exprimée au devis. L'entrepreneur la connaissait parfaitement avant d'ac- « cepter l'entreprise. L'autorisation qui lui a été donnée de construire en « moëllons la voûte du canal partout où la charge des terres devrait être de « 3 mètres, au moins, lui permettait de remblayer immédiatement sur cette « voûte, pour se débarrasser de l'excédant des terres dans la partie suivante « de la tranchée. »

L'Administration, Monsieur le Maire, a reconnu elle-même, en cours d'œuvre, l'impossibilité matérielle de déposer sur les deux côtés des fouilles, et sur une largeur de 2ᵐ 25ᶜ seulement de chaque côté, toutes les terres provenant desdites fouilles qui avaient partout 9ᵐ 50ᶜ de longueur, et que plu sieurs points, une profondeur de 7 et 8 mètres. En effet, de son propre mouvement, elle a traité avec plusieurs propriétaires pour obtenir une augmentation dans la largeur des dépôts de chaque côté de la tranchée, et elle leur a, pour cet objet, payé des indemnités qui avaient été préalablement évaluées par M. le géomètre Pauly. Elle ne saurait donc soutenir aujourd'hui que les largeurs de 2^m 25^c ci-dessus citées étaient suffisantes.

M. l'Ingénieur affirme que la condition de n'occuper qu'une largeur de 8^m était formellement exprimée au devis. J'ai lu le devis et je n'ai jamais vu cette clause. Le devis dit seulement, chapitre III, article 3, § 2 : « *Tous les mou-* « *vements de terre ou de matériaux quelconques devront avoir lieu dans la zône* « *de terrain frappée de servitude ou acquise en toute propriété par la Ville.* » Il n'y est nullement question de cette largeur de 8 mètres. D'après le devis, cette largeur pouvait donc varier en plus ou en moins selon les exigences des travaux. Or, il est évident, qu'entre les profils 52 et 125 et entre les profils 147 et 162, il était de toute impossibilité de faire tenir les dépôts de matières provenant des fouilles, sur les 2^m 25^c qui m'avaient été primitivement assignés pour les recevoir : 1° à raison du volume de ces matières qui foisonnaient considérablement par suite de l'action de l'air et de l'absorption de l'humidité ; 2° à raison de la nature de ces matières qui était presque partout éminemment grasse et argileuse.

M. l'Ingénieur parle de l'autorisation qui m'a été donnée de construire en moëllons la voûte du canal sur quelques points, et il paraît vouloir en déduire que cette autorisation m'était favorable pour les dépôts de terres et autres matières provenant des fouilles. J'ai mûrement réfléchi sur ce passage du rapport de M. Ozanne, mais je ne puis encore en comprendre la portée. Cette autorisation n'a pu et ne pouvait d'ailleurs diminuer, dans aucun cas, la masse des matières à extraire de la tranchée et à déposer à droite et à gauche de cette tranchée. Il fallait donc nécessairement que les terrains destinés à recevoir ces dépôts fussent suffisants ; or, ils n'étaient pas suffisants, et ce qui le prouve, c'est que l'Administration a dû les agrandir sur plusieurs points, c'est-à-dire sur le volume des déblais et la nature du sol rendaient cet élargissement indispensable.

Qu'en est-il résulté? Il en est résulté que l'élargissement forcé des dépôts de matériaux de chaque côté de cette fouille a considérablement augmenté mes charges, puisque, en effet, il y a eu nécessairement augmentation dans les distances parcourues, soit pour effectuer lesdits dépôts, soit pour rapporter les terres dans la tranchée et étendre ensuite l'excédant en dessus et de chaque côté ; enfin, la largeur des dépôts et leur élévation m'a constitué dans des dépenses élevées, que j'ai évaluées, dans mon Mémoire du 13 Août dernier, et dont je crois être fondé, Monsieur le Maire, à réclamer le remboursement.

5° *Crépissages en mortier surhydraulisé.*

J'ai eu l'honneur, Monsieur le Maire, de vous présenter, le 12 Mars 1857, une réclamation au sujet de ces crépissages ; j'ai reproduit cette réclamation dans mon Mémoire du 13 Août suivant.

M. l'Ingénieur répond :

« Si M. Lachaud n'eût pas considéré comme dérisoire l'ordre verbal qui « lui a été donné de faire toutes les maçonneries à bain de mortier, condi- « tion d'ailleurs exprimée dans le devis, les infiltrations ne se seraient pas « fait jour au travers des piédroits de la galerie, et il eût été possible de « faire les enduits comme ils étaient prévus.

« D'ailleurs, il aurait dû, conformément à nos prescriptions, faire faire « ces enduits au fur et à mesure de l'achèvement des maçonneries, alors « qu'il lui eût été plus facile de se débarrasser des eaux. »

Toutes mes maçonneries, Monsieur le Maire, ont été exécutées à bain de mortier. Je suis donc on ne peut plus surpris de ce passage du rapport de M. Ozanne.

Pour que la vérité soit clairement démontrée, je demande que le fait soit vérifié et constaté contradictoirement à dire d'experts.

Qui pourrait croire d'ailleurs que j'aie pu me dérober aux conditions de mon devis à cet égard, lorsque l'Administration avait en ses mains le pouvoir de me rappeler à mes obligations ? personne assurément. M. l'Ingénieur Ozanne m'accuse donc ainsi bien gratuitement. J'en offre la preuve, je le répète d'ailleurs, au moyen d'une expertise contradictoire.

M. l'Ingénieur ajoute que si j'avais exécuté mes maçonneries à bain de
mortier, les infiltrations ne se seraient pas fait jour au travers des piédroits
de la galerie, et qu'il aurait été possible de faire les enduits comme ils étaient
prévus.

Je viens de dire, Monsieur le Maire, et je le soutiens avec toute l'énergie
du droit et de la vérité, que toutes mes maçonneries ont été faites à bain de
mortier. Je dirai maintenant, qu'il était impossible, sans des enduits en mortier surhydraulisé d'empêcher les filtrations au travers de ces maçonneries,
et je le prouve en comparant l'épaisseur de $0^m 40^c$ des maçonneries en moëllons bruts des piédroits de la galerie avec l'épaisseur de $1^m 50^c$ à la base, et
de 1^m au sommet des maçonneries en moëllons taillés du réservoir Sainte-
Eulalie.

En effet, ces dernières maçonneries construites à joints certains, serrés,
et parallèles avec moëllons taillés, posés par carreaux et boutisses, laissent
encore filtrer des eaux, malgré tous les soins possibles, et l'on voudrait laisser croire que c'est à la faute de l'entrepreneur que l'on doit attribuer la filtration des eaux au travers des piédroits de la galerie, piédroits qui n'ont
qu'une épaisseur de $0^m 40^c$, et qui ont été construits en moëllons bruts, et
conséquemment, à joints incertains, sans autre liaison que celle que permet-
taient la cassure du bloc et l'emploi du mortier.

Il est donc évident, Monsieur le Maire, que les filtrations au travers des
piédroits de la galerie des eaux de Bordeaux ne pouvaient être empêchées
que par un enduit en mortier surhydraulisé, et d'une épaisseur plus forte
que celle prévue.

M. Ozanne termine cette partie de son rapport en disant que j'aurais dû,
suivant ses ordres, exécuter mes enduits au fur et à mesure de l'achèvement
des maçonneries.

Je déclare, Monsieur le Maire, qu'aucun ordre de ce genre ne m'est
jamais parvenu. Je dois d'ailleurs ajouter que cet ordre ne pouvait m'être
donné, attendu qu'il aurait été en tout point contraire aux règles qui régis-
sent les constructions.

Tout le monde sait, en effet, que les ragréments, rejointoyements et enduits sur les maçonneries, ne s'exécutent jamais que lorsque le mortier de ces maçonneries est assez ferme pour pouvoir recevoir utilement ces enduits, et après que les joints ont été curés et lavés.

Il m'était donc tout-à-fait impossible d'opérer autrement que je n'ai fait. Je m'en réfère donc à cet égard à ma réclamation du 12 Mars 1857, et à mon Mémoire du 13 Août suivant.

6° Travaux exécutés par MM. Troye et Dufour dans la propriété Navaille.

Ce chef de mes réclamations ne demande aucun développement.

Aux termes du devis de mon adjudication, chapitre 5, je dois prendre pour mon compte, et pour une somme de 2,277 fr. 36 c., les travaux exécutés dans cette propriété par lesdits entrepreneurs, mais à la condition que ceux-ci justifieront les quantités d'ouvrages portées à mon compte. Or, je n'ai jamais pu obtenir cette justification; j'ai donc dû refuser de payer cette somme à MM. Troye et Dufour (1).

Ce refus est d'autant plus fondé que lorsque j'ai mis la main à l'œuvre pour terminer les travaux commencés par les entrepreneurs, il a été constaté que les fouilles qu'ils avaient opérées étaient comblées en grande partie par suite des éboulements qui s'y étaient manifestés.

J'ai eu l'honneur d'appeler votre attention sur ce point, Monsieur le Maire, dès le 30 Septembre 1856 : vous m'avez répondu, le 9 Octobre suivant, que vous écriviez à MM. Troye et Dufour pour qu'ils s'entendissent avec moi à l'effet d'arriver à l'évaluation des ouvrages dont il s'agit et, plus

(1) Le § 1er du chapitre V du devis, règle d'une manière définitive les travaux évalués dans cet article à 2,277 fr. 36 c., à l'exception toutefois des ouvrages que j'ai dû faire pour mettre ces travaux en état, attendu qu'ils étaient comblés en partie par les éboulements.

Quant à ceux dont il est parlé au § 2 du même chapitre, MM. Troye et Dufour n'ont jamais justifié des quantités; enfin, il a fallu les débarrasser, comme les précédents, de tous les éboulements qui s'y étaient manifestés. Les fouilles étaient presque entièrement comblées.

7

tard, c'est-à-dire le 29 du même mois d'Octobre, vous avez bien voulu m'écrire que, *pour éviter toute difficulté et tout retard, vous consentiez à ce qu'il me fût tenu compte des dépenses à faire pour rendre ces travaux accessibles et pour faciliter leur achèvement.*

Confiant dans cette promesse, je me suis mis à l'œuvre; la dépense néces_ saire pour mettre ces travaux à l'état où ils figuraient pour mon compte, s'est élevée à 1,559 fr. 75; mais cette somme n'a pu encore m'être payée par suite des difficultés que M. l'Ingénieur apporte à la solution de cette affaire.

Tout ce qui précède, Monsieur le Maire, démontre jusqu'à l'évidence le peu de fondement sur lequel repose le raisonnement que M. l'Ingénieur Ozanne oppose à ce chef de mes réclamations.

Il n'est pas possible d'admettre d'ailleurs que la différence existant entre le rabais de l'entreprise Troye et Dufour et le rabais de mon entreprise, puisse jamais être considérée comme un bénéfice; cette différence n'avait effectivement été motivée que par l'augmentation survenue alors tout-à-coup dans les prix des matériaux et de la main-d'œuvre : encore n'a-t-elle pu suffire à couvrir cette augmentation.

Ensuite, Monsieur le Maire, il n'est pas exact de dire que les dispositions de l'article 1 du chapitre 5, ont eu pour but de mettre la Ville hors de cause; je ne dois, au contraire, tenir compte à MM. Troye et Dufour de la somme de 2,277 fr. 36 qui m'est allouée dans ce but, qu'à la condition qu'ils justifieront avoir exécuté les quantités de travaux à eux attribuées; or, je n'ai jamais pu obtenir cette justification ainsi que cela est établi par la correspondance ci-dessus relatée, et comme je n'ai aucune action sur ces Messieurs, je me refuserai constamment au paiement de cette somme à raison de laquelle ils m'attaquent devant le Tribunal de Commerce jusqu'à ce que la Ville ait elle-même intervenu dans le débat et réglé les comptes afférents à chacun de nous.

En résumé, Monsieur le Maire, il résulte, de tout ce qui précède que MM. les Ingénieurs posent comme principes des faits qui sont loin d'être prouvés, que je conteste au contraire avec offre de fournir les preuves de leur inexactitude ; le Conseil d'État dans son arrêt du 30 Juin 1842, a tracé la marche à suivre dans ce cas pour arriver à la vérité.

En effet , il a décidé que lorsque les assertions d'un entrepreneur sont contredites par les Ingénieurs, le Conseil de Préfecture doit faire procéder par une expertise à la vérification des faits.

C'est donc une expertise que j'ai l'honneur de solliciter ; une expertise contradictoire qui mette fin à tout débat , à moins que vous ne préfériez , Monsieur le Maire , vous occuper par vous-même du règlement de mes ouvrages , auquel cas je déclare m'en rapporter d'avance à votre sagesse éclairée et à votre haute loyauté.

Je suis avec respect , etc.

LACHAUD.

Telles sont les difficultés survenues entre l'Administration et moi , relativement à mes travaux de Bruges.

Leur simple exposé est de nature , je l'espère , à rendre leur solution aussi prompte que facile.

Je prie seulement l'Administration municipale de vouloir bien considérer que je ne demande que le droit et la justice , que je déteste les procès , que je veux les éviter, et que la meilleure preuve que je puisse en donner , c'est que je persiste à solliciter une expertise contradictoire qui mette fin à tout débat; et, qu'autrement, si M. le Maire veut bien consentir à s'occuper, par lui-même, du règlement de mes travaux , je déclare d'avance m'en rapporter à sa haute loyauté.

J'ai effectivement une pleine et entière confiance dans la justice éclairée de l'Administration municipale.

C'est avec ces sentiments que j'ai l'honneur d'être avec respect,

Messieurs,

Votre très-humble et très-obéissant serviteur,

 LACHAUD.

BORDEAUX. — IMPRIMERIE DE TH. LAFARGUE, LIBRAIRE, RUE PUITS DE BAGNE-CAP, 8.

www.ingramcontent.com/pod-product-compliance
Lightning Source LLC
Chambersburg PA
CBHW071319200326
41520CB00013B/2828